“十二五”国家重点图书出版规划

新农村建设小康家园丛书

新农村生产、生活用电与电力网络建设实用技术图集

匡迎春 / 主 编

沈 岳 姚帮松 / 副主编

胡 赧 / 主 审

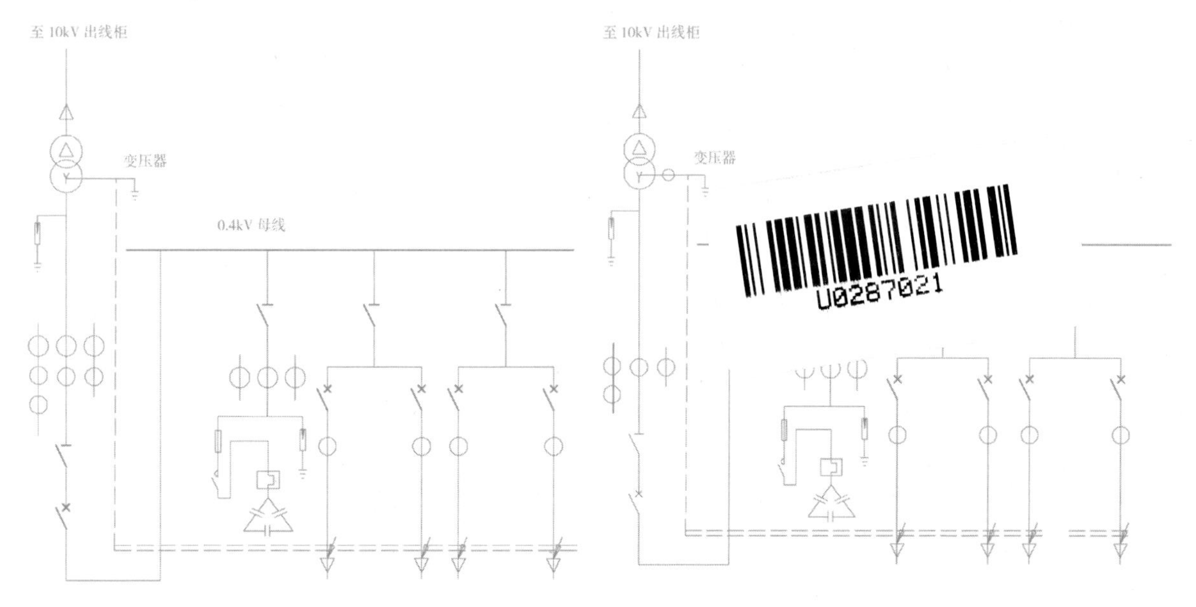

湖南科学技术出版社

前言

QIANYAN

建设社会主义新农村是我国一项长期的历史任务。科学、先进的用电技术的推广，是建设社会主义新农村，实现农业现代化、电气化，提升农民用电知识水平的必然过程。为了贯彻落实“新农村、新电力、新服务”的农电发展战略，加快新农村电气化建设，全面提升农村农业的现代化水平，更好地为新农村的经济社会发展服务，我们着手编写了这本书。

遵循着服务于“农业、农村、农民”的宗旨，根据目前新农村电力需求、用电发展的新趋势，本书编写了三个方面的内容：农村电力网络技术、农业用电技术和农村民宅用电技术。农村电力网络技术部分包括了农网 10kV 配电间、10kV 柱上变压器台、0.4kV 电缆分支箱和架空配电线路。随着现代农业技术的发展，农业用电技术越来越重要，已成为新农村用电的重要组成部分；根据现代农业发展的现状，书中提供了温室大棚用电系统图、农业水利灌溉用电系统图。农村民宅用电部分结合现代新农村居住建筑的发展，提供了 2 层楼房和 6 层楼房的民宅用电案例图。书中内容具有实用性、易读性和全面性，全书图文并茂，不仅提供了电路原理图，还有电气平面布置图和施工安装图等，可为电力施工提供相关参考。此外，要求本书的阅读对象具有一定的电工技术基础。

前 言

本书图的绘制，由湖南农业大学工学院易振枝、刘利强、谭明华、刘武炼、彭加贝等同学协助完成，感谢他们几个月的辛勤劳动，才使本书圆满完成。由于本人的水平有限，不足之处，敬请批评指正！

编者：匡迎春

2013 年 12 月

QIANYAN

CONTENTS

目录

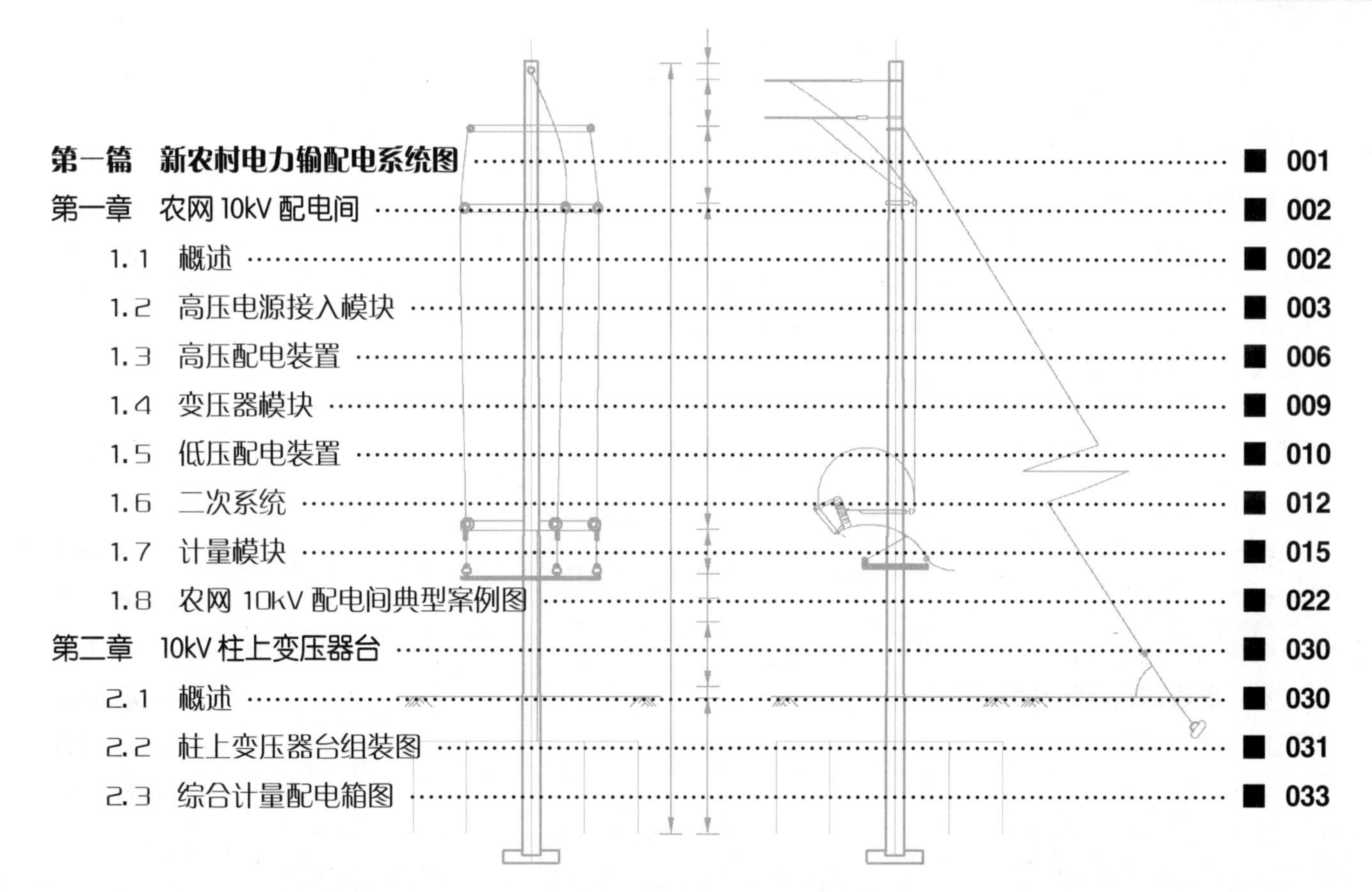

目录

目录

第一篇 新农村电力输配电系统图

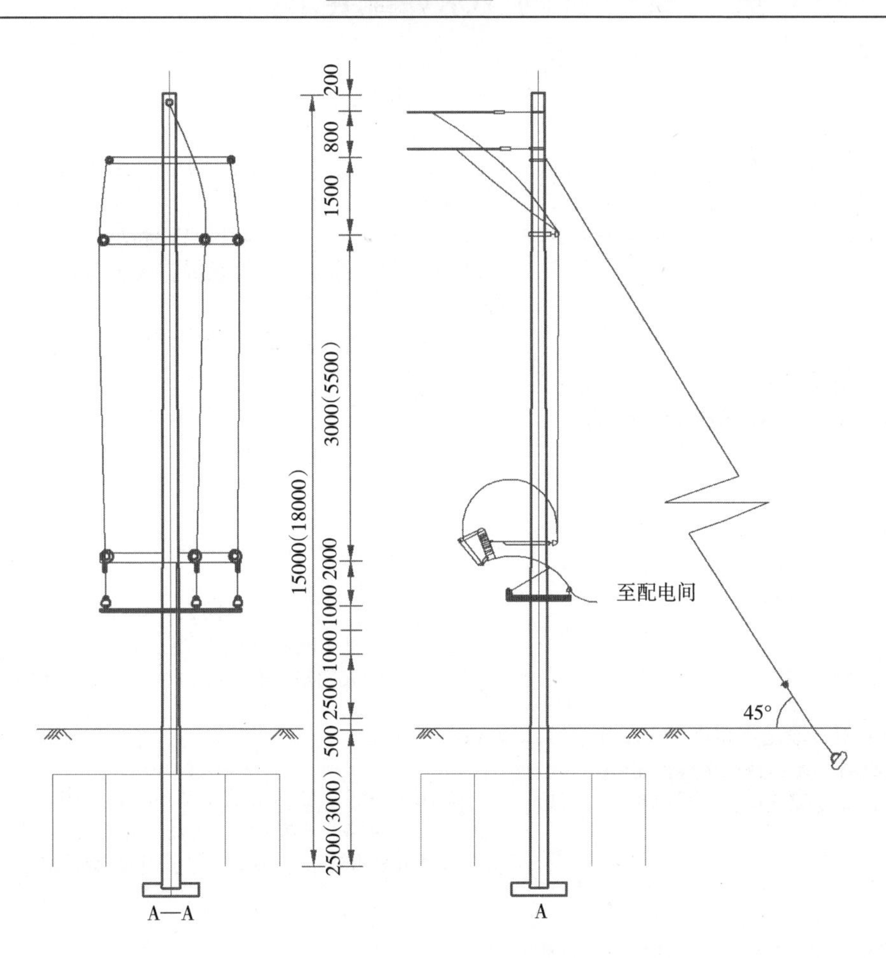

第一章　农网 10kV 配电间

1.1　概述

10kV 配电间是供配电网中的主要设施之一，涉及的范围是从用户电源接入点至 10kV 配电间低压出线屏止。它包括 6 个基本模块：电源接入部分、高压配电装置、变压器、低压配电装置、二次系统、计量装置。设计内容包括主接线图、电气平面布置图和主要材料表。

1.1.1　高压电源接入部分

10kV 电源的接入分为架空线接入和电缆接入两种类型。农网 10kV 配电间通常采用架空线接入，主要设备包括：水泥电杆、熔断器、隔离开关或真空断路器。

1.1.2　电气一次部分

1. 电气主接线　10kV 接线形式分为线路变压器组、单母线接线和单母线分段接线；进线分为一回或两回进线。0.4kV 接线形式分为单母线接线和单母线分段接线；进线分为一进四出、一进八出、二进八出等。

2. 主要电气设备　包括 10kV 高压开关柜、变压器、低压开关柜、无功功率补偿电容器柜。一般，10kV 高压开关柜内置真空断路器，真空负荷开关或 SF6 负荷开关。变压器多采用节能环保型产品，农网常用产品为油浸式变压器 S11 系列，容量范围 50～630kV·A。低压开关柜一般选用固定式低压开关柜，总进线配置智能式断路器，出线采用塑壳断路器。无功补偿电容器柜选用固定式开关柜，采用自动补偿方式，保证功率因素达到 0.95 以上，具有单相、三相混合补偿功能和自动过零投切等功能。

1.1.3　电气二次部分

10kV 配电间装设用电信息采集管理终端和多功能电能表。包括保护及自动装置、电能计量和直流系统。

1. 保护及自动装置　10kV 负荷开关出线柜内装设熔断器，用于变压器保护，具备条件的选用微机型保护测控装置。低压侧利用空气断路器实现短路和过载保护。

2. 电能计量　分为高供高计和高供低计两种方式。高供高计用户应在 10kV 进线侧设高压综合计量屏，高供低计用户应在 0.4kV 总进线侧设低压综合计量屏。

3. 直流系统　直流额定电压采用 DC220V。

1.1.4　电气平面布置

10kV、0.4kV 配电装置均按单列布置，布置在同一配电室内，油浸式变压器布置在独立的变压器室内。

1.1.5　防雷、接地及过电压保护

1. 防雷设计按《建筑物防雷设计规范》(GB50057—1994)。
2. 采用交流无间隙金属氧化物避雷针进行过压保护。
3. 配电间采用水平和垂直接地的混合接地网。

1.1.6　站用电

站用电（包括变压器的冷却风扇、蓄电池的充放电设备或整流操作设备、检修设备、断路器或操动机构的加热设备，以及取暖、通风、照明等）电源取自系统 0.4kV 电源或电压互感器，设置事故照明。

1.2　高压电源接入模块

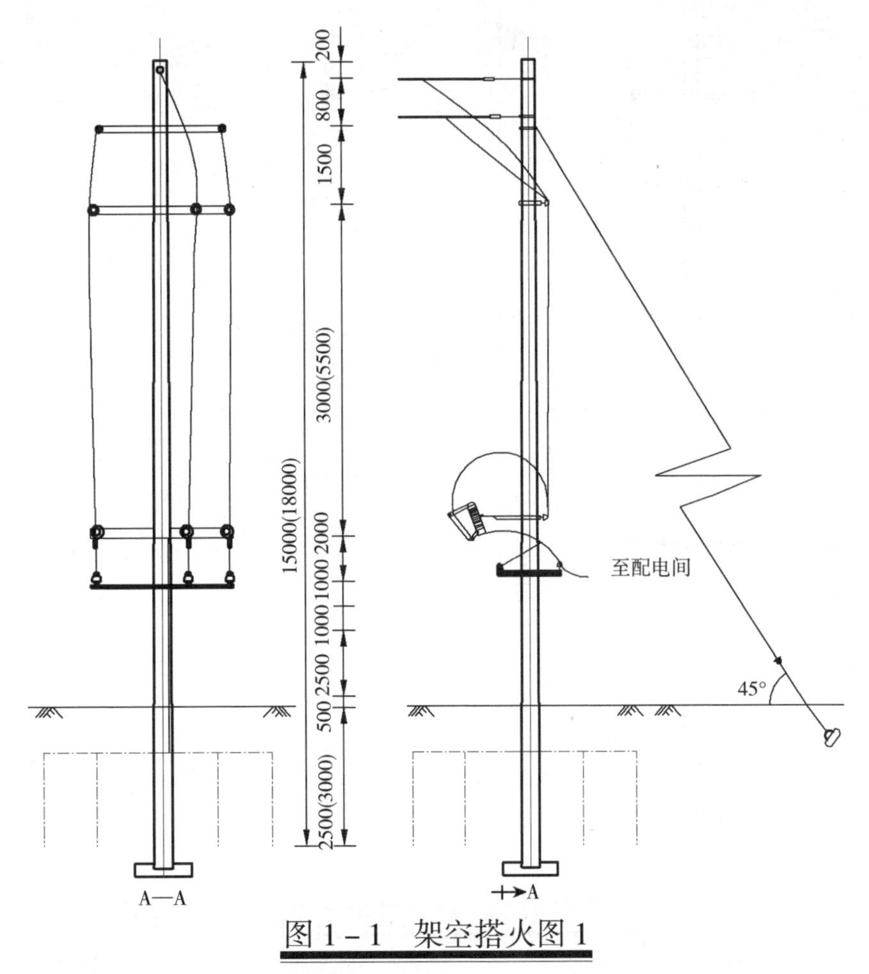

图 1－1　架空搭火图 1

说明：1. “T” 接架空线路 200m；

2. 倒挂线路引下经熔断器；

3. 避雷器与配电间之间的档距不大于 5m，且线下不允许车辆、行人穿行。

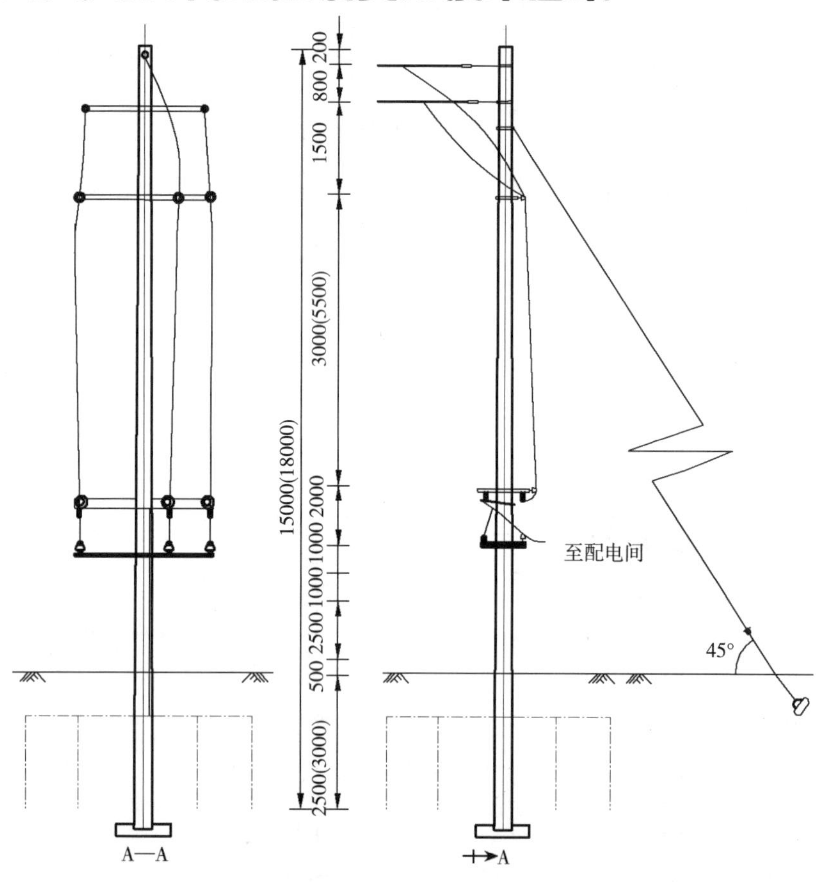

图 1-2　架空搭火图 2

说明：1. “T”接架空线路 200m；

2. 倒挂线路引下经隔离刀闸；

3. 避雷器与配电间之间的档距不大于 5m，且线下不允许车辆、行人穿行。

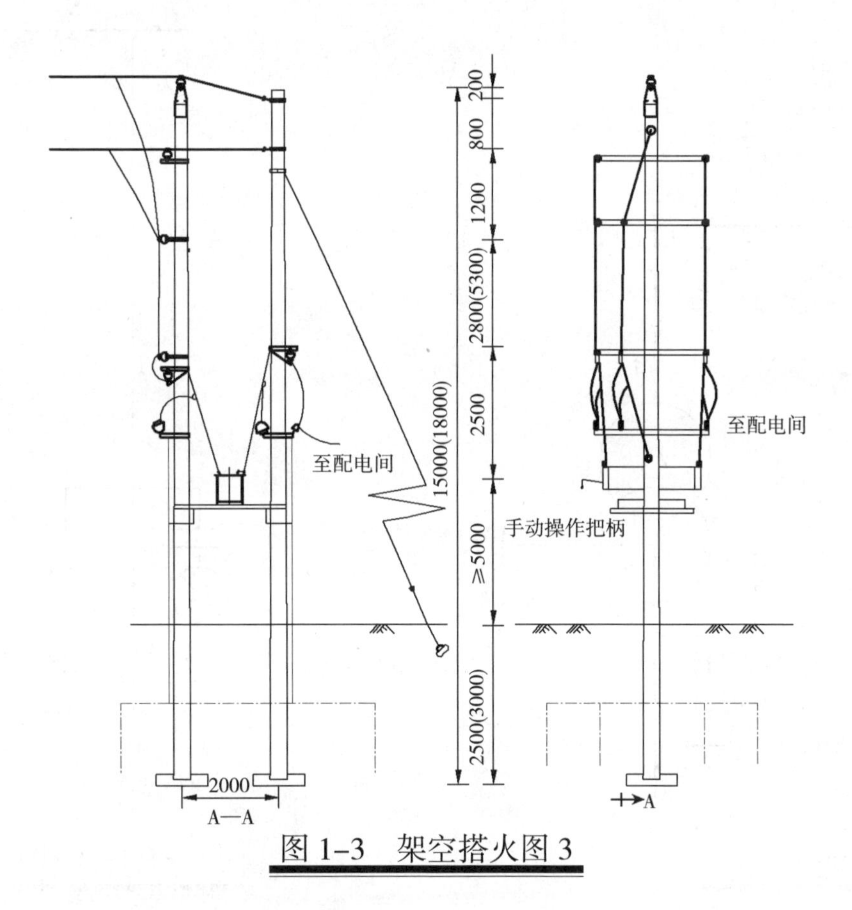

图 1-3　架空搭火图 3

说明：1. "T" 接架空线路 200m；

2. 倒挂线路引下经真空断路器；

3. 避雷器与配电间之间的档距不大于 5m，且线下不允许车辆、行人穿行。

1.3 高压配电装置

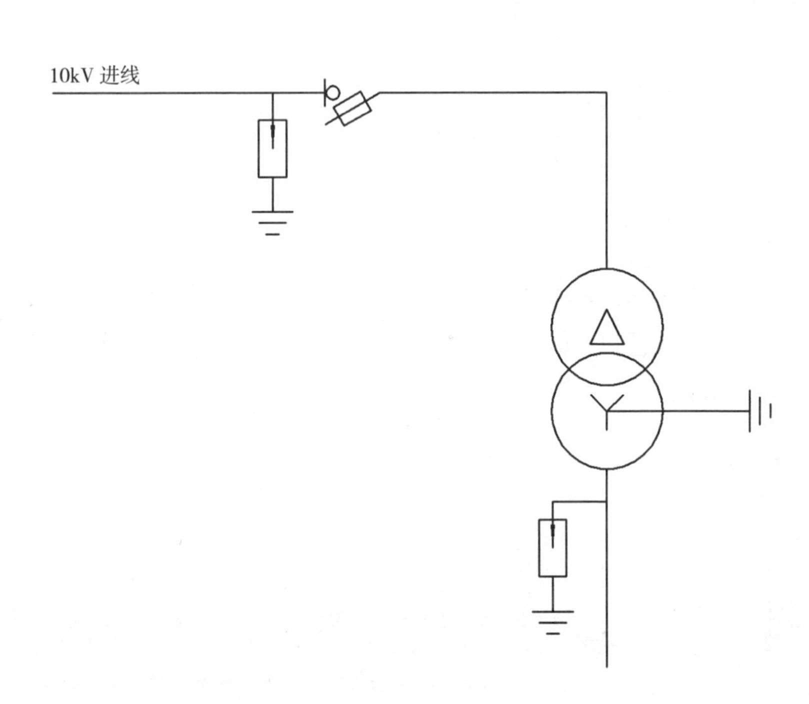

图 1-4 线路变压器组接线形式 1

说明：适用于 10kV单电源供电，单台变压器容量 200 kV·A 及以下，高供低计的 10kV配电系统。

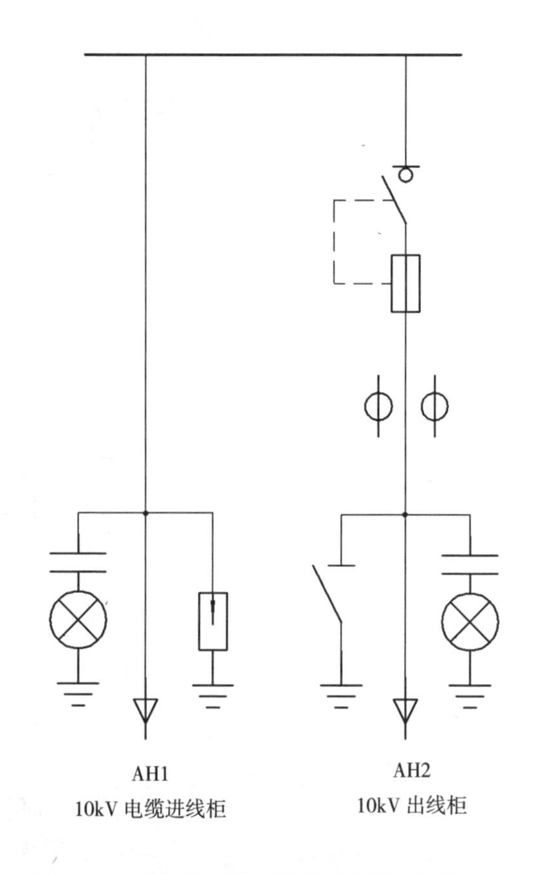

图 1-5 线路变压器组接线形式 2

说明：适用于 10kV单电源供电，单台变压器容量 500kV·A 及以下，高供低计，变压器设熔断器保护的 10kV配电系统。

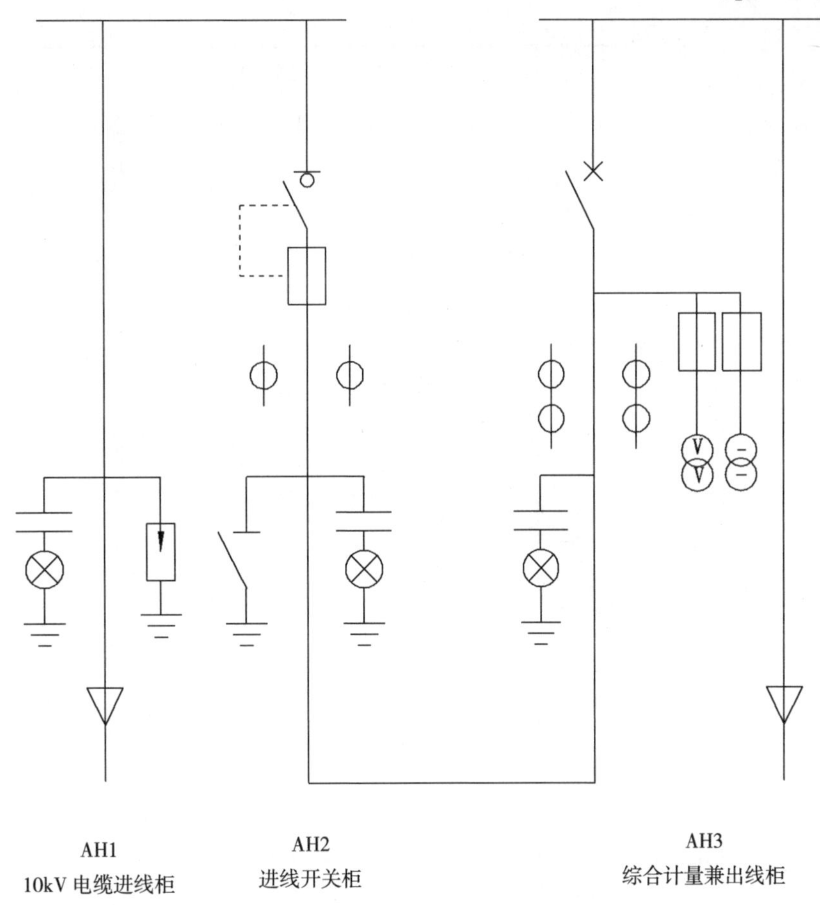

图 1-6　线路变压器组接线形式 3

（固定式高压开关柜、一进一出、高压计量）

说明：适用于 10kV单电源供电，单台变压器容量 630kV·A，高供高计，变压器设熔断器保护的 10kV 配电系统。

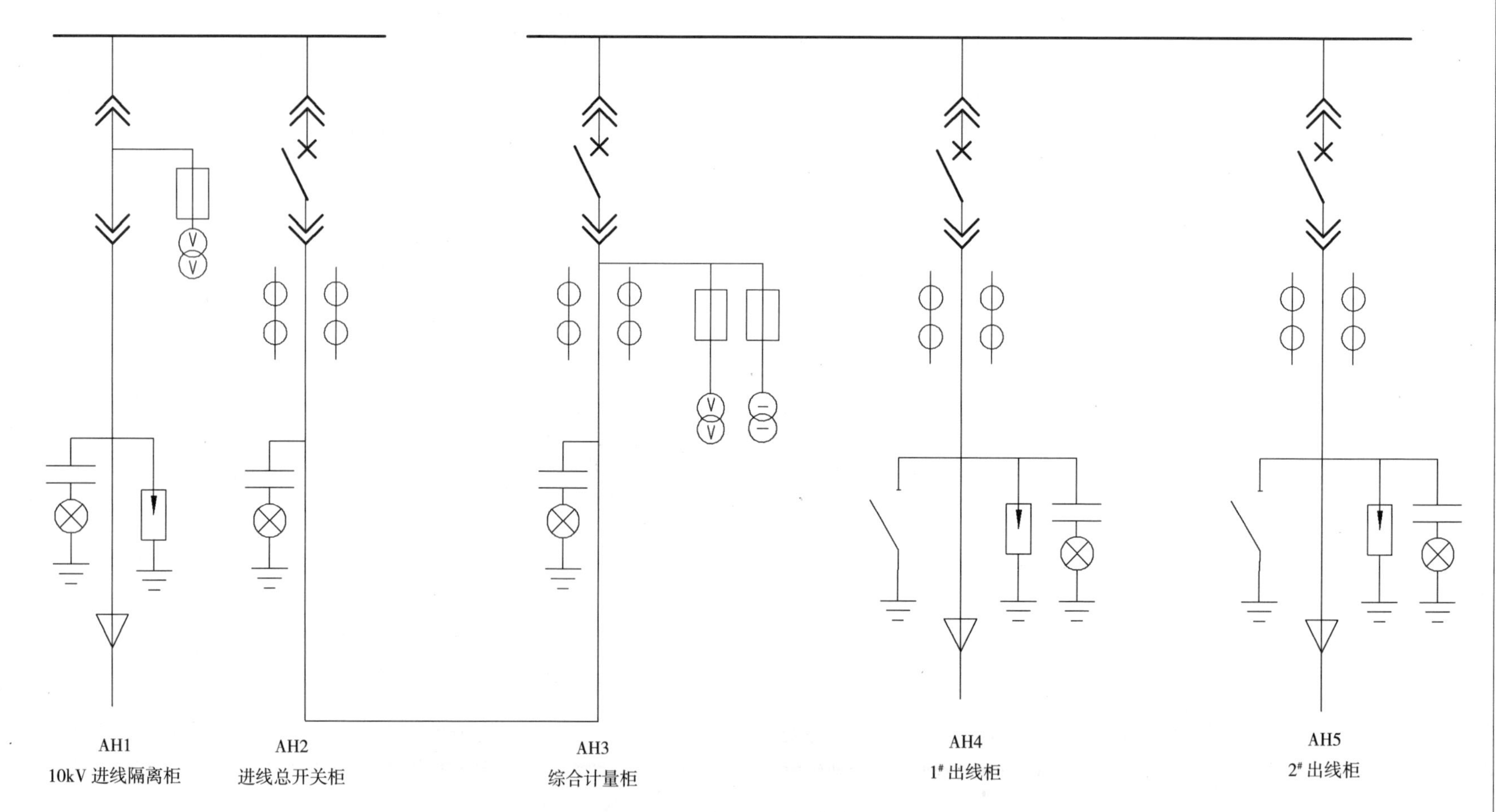

图 1-7　单母线接线方式 1

（中置式高压开关柜、一进二出、高压计量）

说明：适用 10kV单电源供电，两台变压器，高供高计，高压侧设真空断路器、微机型保护测控单元的 10kV 配电系统。

1.4　变压器模块

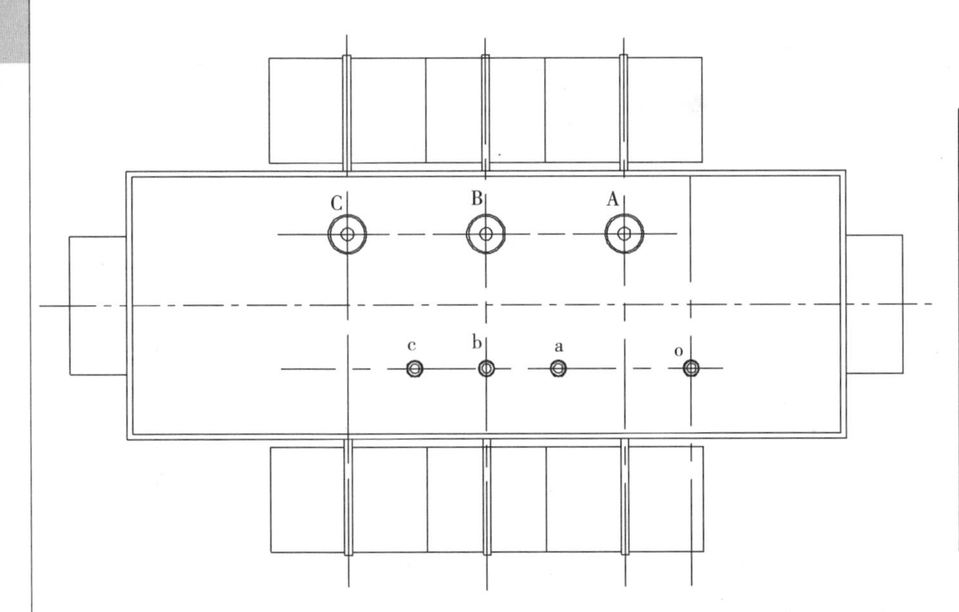

油浸式配电变压器主要技术参数

<table>
<tr><th rowspan="2">额定容量
(10kV)</th><th colspan="3">电压组合及分接范围</th><th rowspan="2">连接
组标号</th><th rowspan="2">短路
阻抗（%）</th></tr>
<tr><th>高压（kV）</th><th>分接（%）</th><th>低压（kV）</th></tr>
<tr><td>100</td><td rowspan="9">10
(10.5)</td><td rowspan="9">± 2 × 2.5
(± 5)</td><td rowspan="9">0.4</td><td rowspan="9">Dyn11
(Yyn0)</td><td rowspan="5">4</td></tr>
<tr><td>200</td></tr>
<tr><td>315</td></tr>
<tr><td>400</td></tr>
<tr><td>500</td></tr>
<tr><td>630</td><td>4（&4.5）</td></tr>
<tr><td>800</td><td rowspan="3">4.5</td></tr>
<tr><td>1000</td></tr>
<tr><td>1250</td></tr>
</table>

图 1-8　油浸式配电变压器

说明：1. 油浸式配电变压器拟选用 S11 系列配电变压器；

2. 优先选择低损耗、低噪声、节能环保型变压器。

1.5 低压配电装置

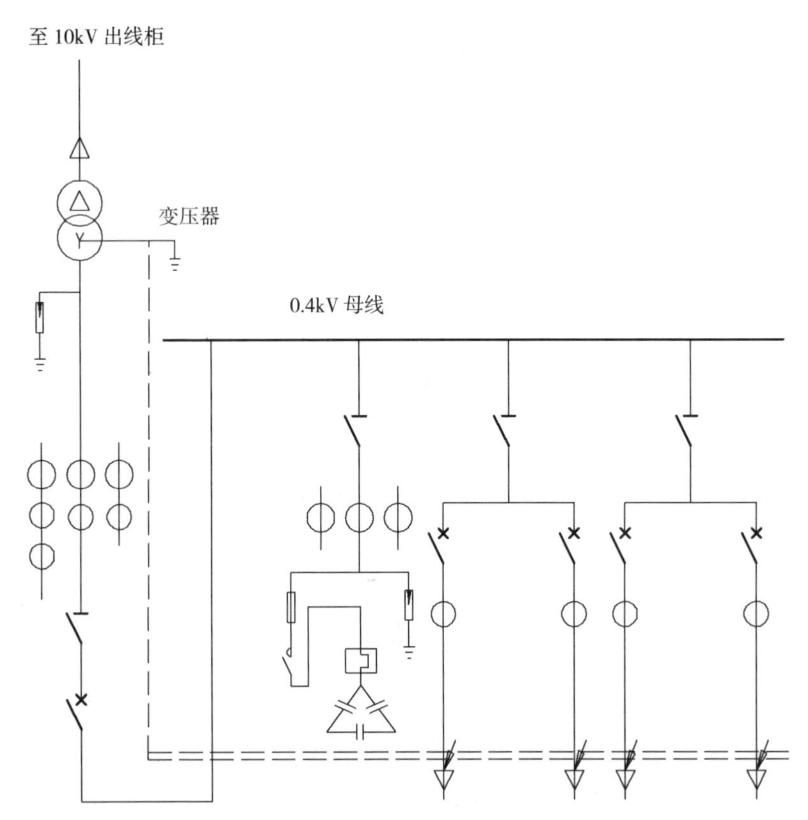

图 1-9 单母线接线方式 1

(固定式低压开关柜、一进四出、带低压总计量)

说明：本模块适用于单台容量 500kV·A 及以下变压器、低压计量的配电系统。

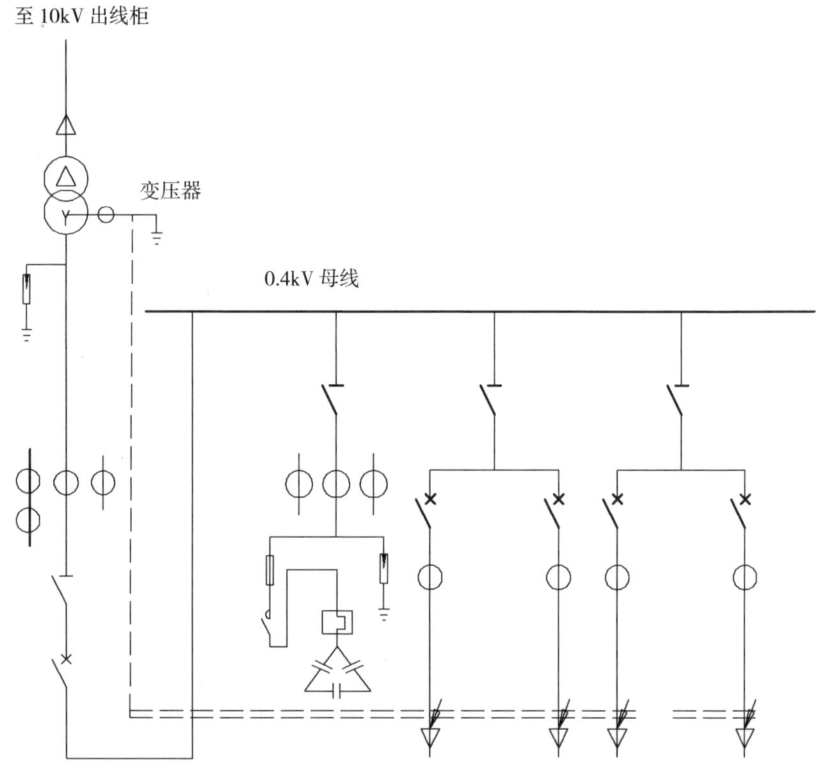

图 1-10 单母线接线方式 2

(固定式低压开关柜、一进四出、不带低压总计量)

说明：本模块适用于单台容量 630kV·A 及以上变压器、高压计量的配电系统。

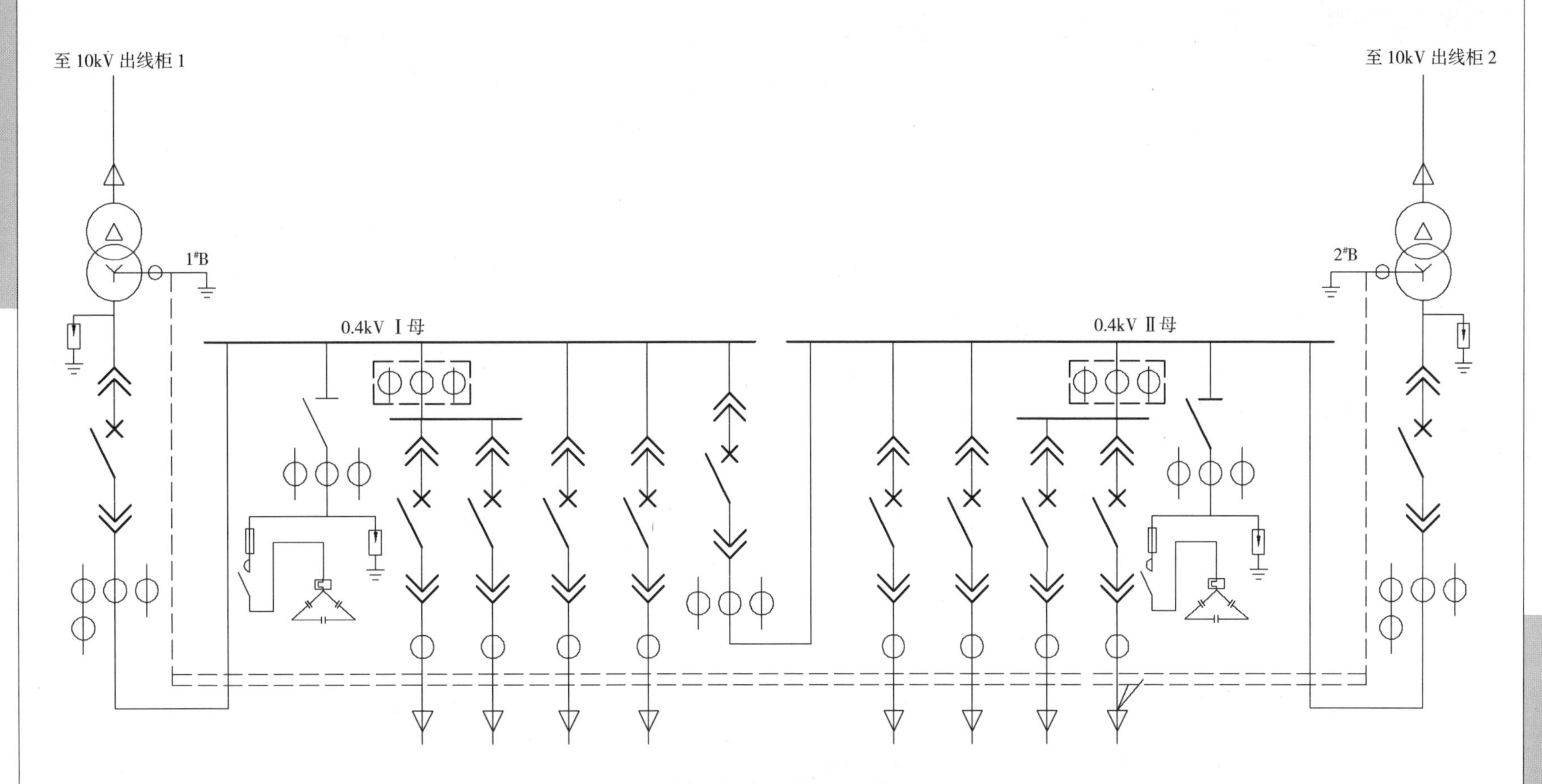

图 1-11 单母线分段接线方式

（抽屉式低压开关柜、二进八出）

说明：适用于单台容量 630kV·A、两台变压器、高压计量的配电系统。

1.6 二次系统

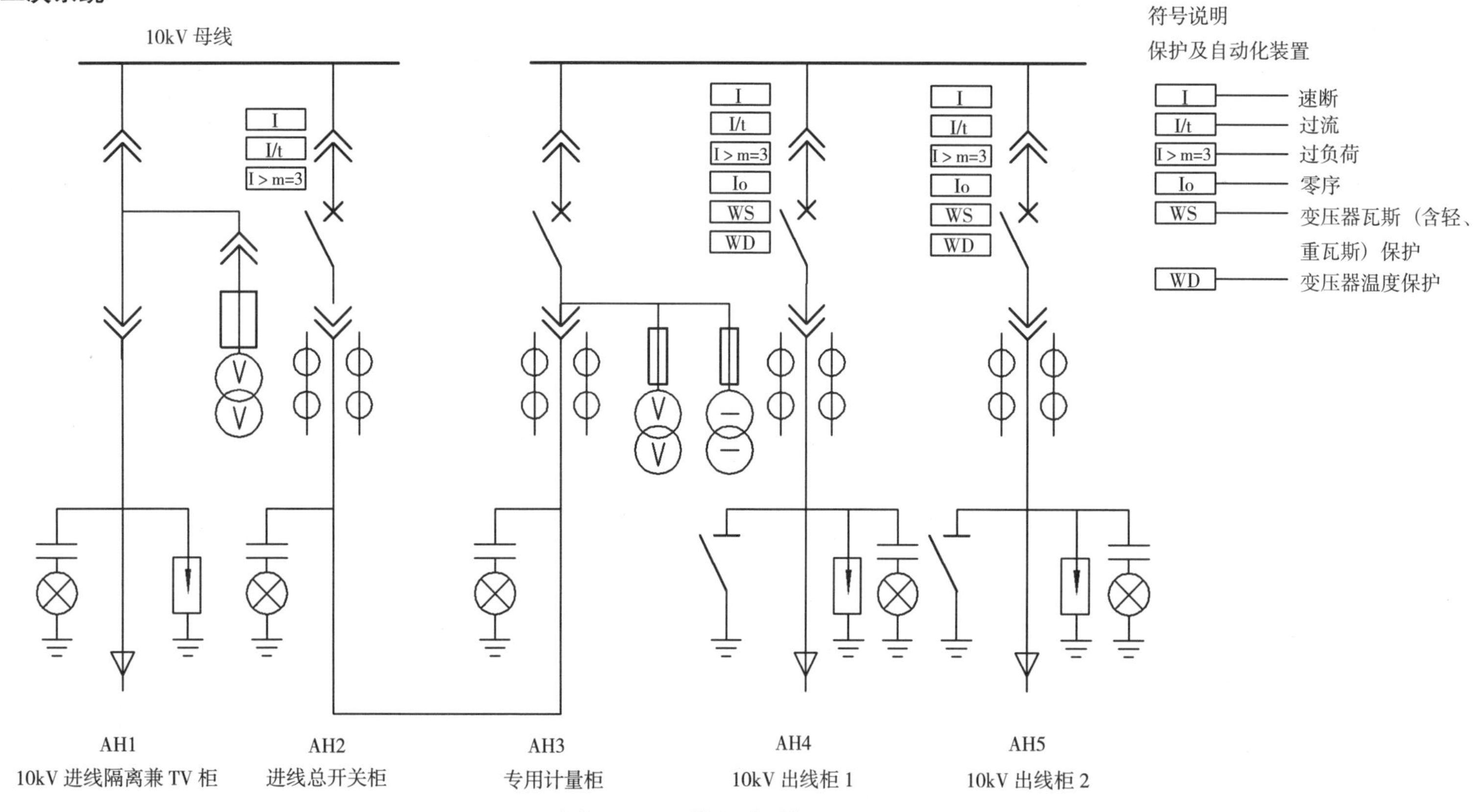

图 1-12 微机保护配置图

（单电源供电、两台变压器）

说明：1. 10kV进线及馈线均设置微机型测控保护单元；

2. 10kV进线配置线路测控保护单元，设有速断、过流保护及过负荷报警等；

3. 馈线配置厂用变测控保护单元，配有速断、过流、零序电流、温度及瓦斯等保护及过负荷保护；

4. 直流电源系统采用微型直流电源装置（内置免维护电池，DC 220V），安装在进线隔离柜仪表室；

5. 该方案适用于10kV单电源供电、两台变压器、高压设真空断路器装设微机型保护、高压计量的配电系统。

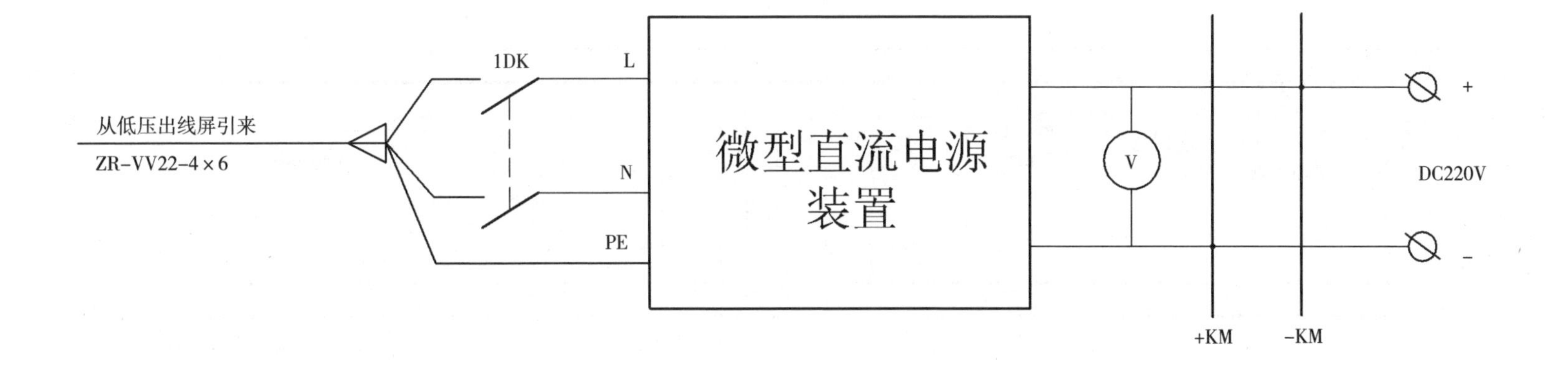

图 1-13 微型直流电源装置接线图

说明：1. 微型直流电源装置采用交流 220V 电源输入，输出直流 220V 电源。微型直流电源装置内置免维护电池。

2. 微型直流电源装置为开关柜内部储能电机、合闸线圈、分闸线圈、信号灯、微机保护装置和其他电器提供 DC220V 电源。

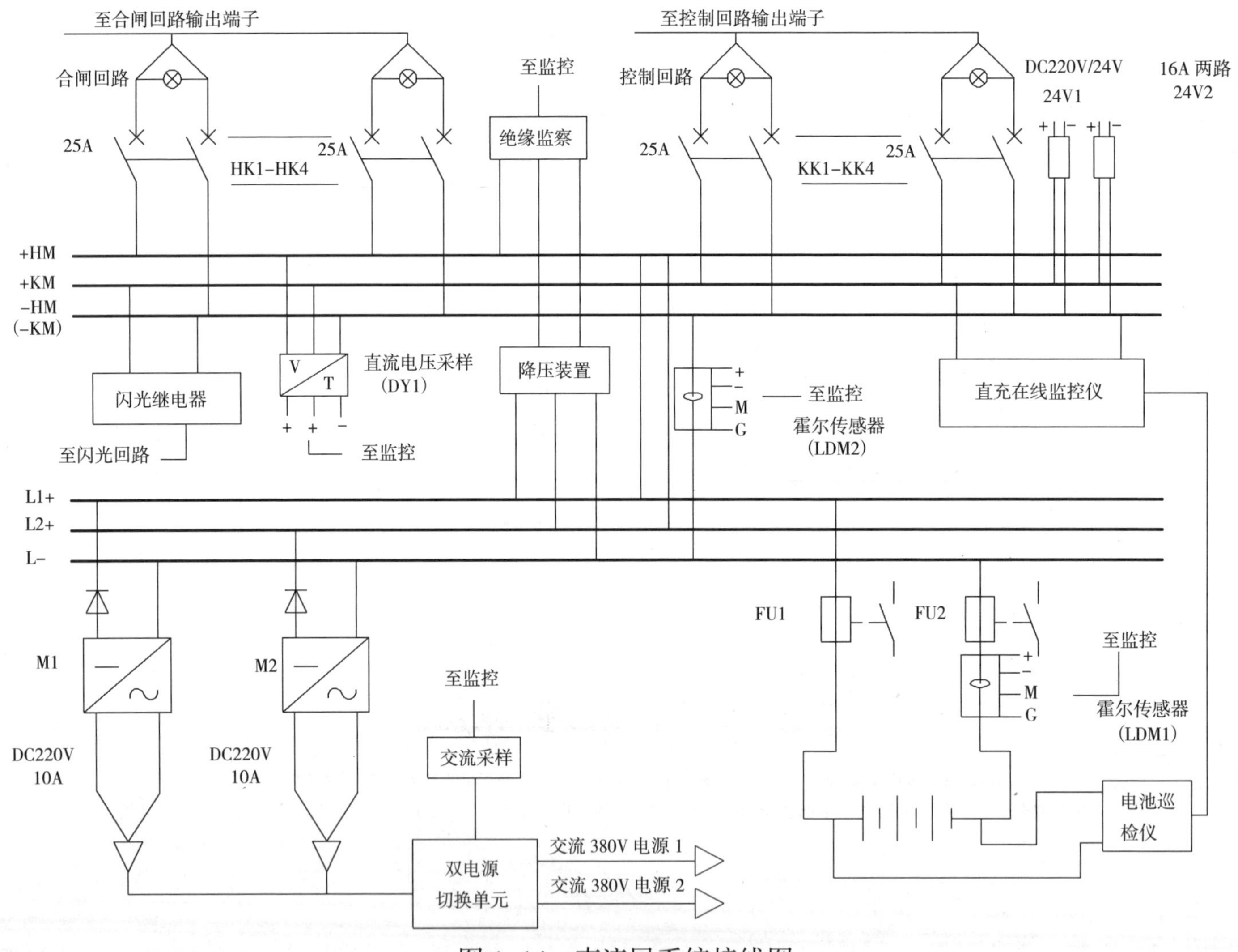

图 1-14 直流屏系统接线图

说明：两路输入交流采用低压电缆从低压出线柜不同母线出线回路引取。

1.7 计量模块

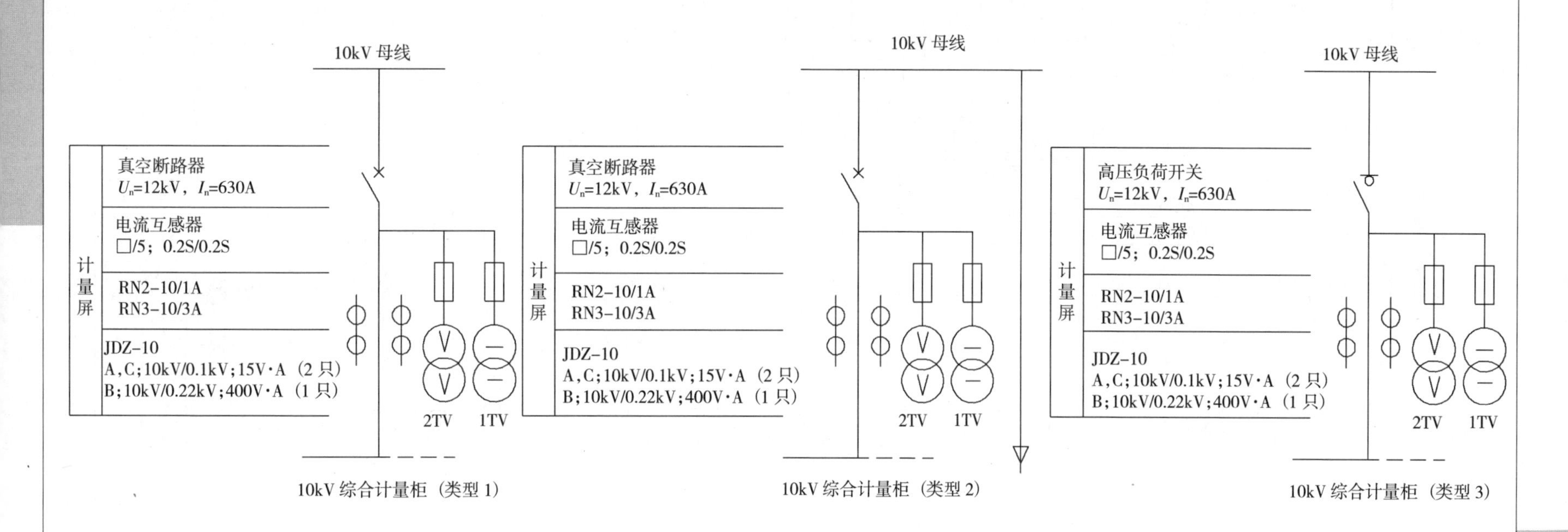

图 1-15 高压计量屏一次接线图

说明：1. 屏内的真空断路器（或高压负荷开关）要求附交流电动操作机构（AC220V），操作电源来自本屏操作电源 2TV；

2. 综合计量屏内 TA 按变压器容量大小配置，要求准确级达到 0.2S 级，TV 准确级 0.2 级；

3. 综合计量屏内的电流回路采用 4mm² 的单芯硬铜线，并按 A 黄、B 绿、C 红及 N 黑分色；电压回路采用 2.5mm² 的单芯硬铜线，并按 A 黄、B 绿、C 红及 N 黑分色；

4. 综合计量屏箱内需安装计量表、购电控制回路和用电信息采集管理终端。

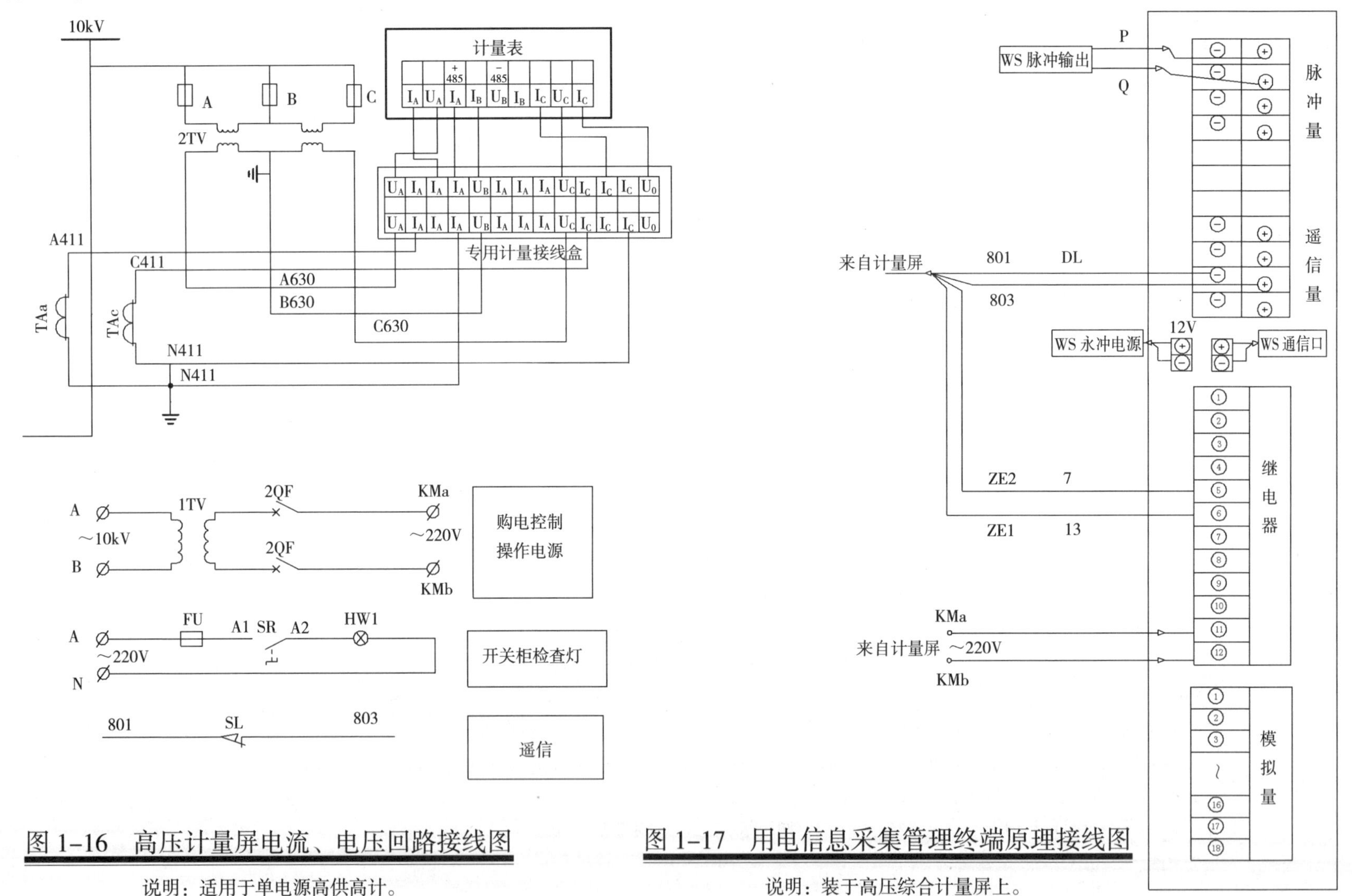

图 1-16　高压计量屏电流、电压回路接线图

说明：适用于单电源高供高计。

图 1-17　用电信息采集管理终端原理接线图

说明：装于高压综合计量屏上。

设 备 表

符 号	名 称	形 式	技术特性	数量	备 注
装于 10kV 综合计量屏					
S1	空气开关	C45N/2P-4A	~220V，4A	1	
S2	空气开关	C45N/1P-2A	~220V，2A	1	
WS	三相三线交流电能表	DSSD-331	~220V	1	
KM	中间继电器	DZJ-204/220	~220V	1	
KM1，KM2	中间继电器	DZJ-208/220	~220V	2	
KM3	中间继电器	DZJ-208/220	~220V	1	
M	电机		~220V	1	操作机构内设备
ST1，ST2	行程开关			2	操作机构内设备
SL	真空开关辅助开关			5	操作机构内设备
TQ	脱扣开关		~220V	1	操作机构内设备
HQ	合闸线圈		~220V	1	操作机构内设备
SR1	旋钮开关	KN3-A	~220V，3A	1	
HW，HW1	白炽灯	220V，60W		2	
HS1，HS2	信号灯	AD11	~220V，3.3W	2	红、绿色各 1 只
SB1，SB2	按钮	LA18-22	~380V，5A	2	红、绿色各 1 只
FKQ	负控器	PM4227		1	
HA	脉冲蜂鸣器	UC4-2	~220V	1	
DP	语音报警器		~220V	1	
SR2	旋钮开关	HZ10-10/1	~220V，10A	1	

801　SL　803　遥　信

开关柜检查灯

图 1-18　高压计量屏控制回路原理接线图

说明：“ZE1、ZE2”为用电信息采集管理终端上欠费报警和跳闸接点。

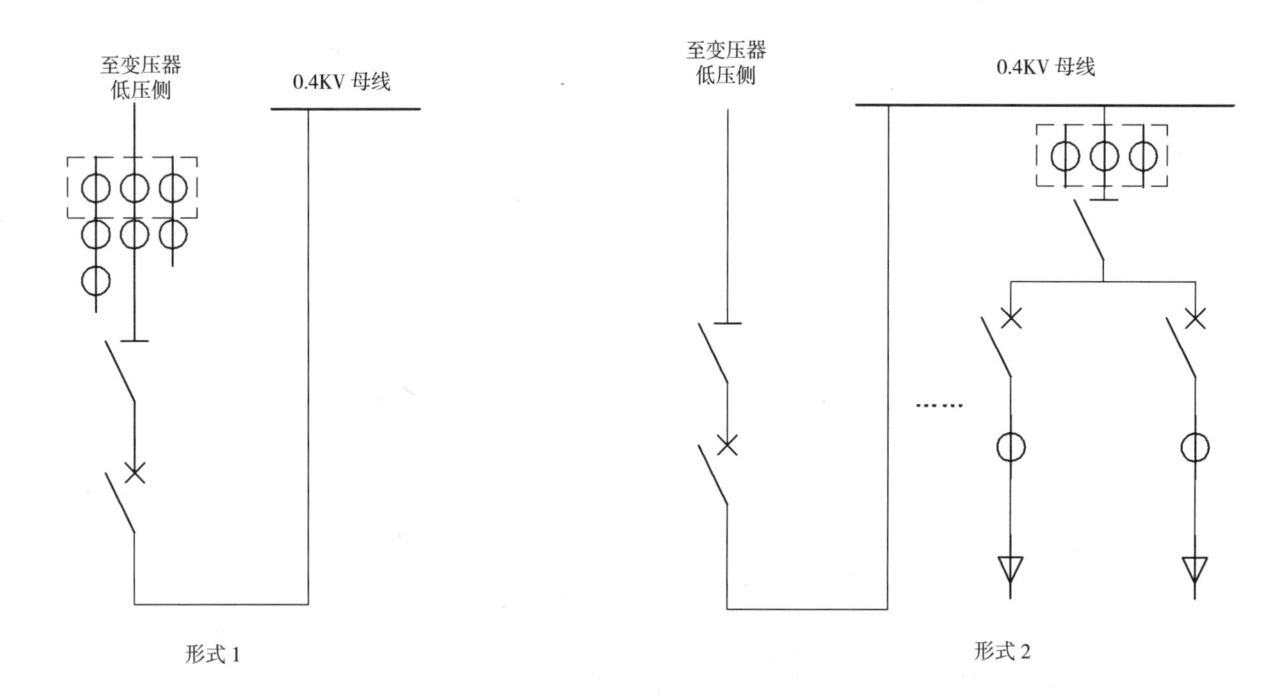

图 1–19　低压计量屏一次接线图

说明：1. 低压计量总屏内的空气开关要求附交流电动操作机构，操作电源取自本屏低压进线电源（断路器进线端）；

2. 综合计量屏内的电流回路采用 4mm² 的单芯硬铜线，并按 A 黄、B 绿、C 红及 N 黑分色；电压回路采用 2.5mm² 的单芯硬铜线，并按 A 黄、B 绿、C 红及 N 黑分色；

3. 低压计量总屏内需安装计量总表、购电控制回路和用电信息采集管理终端；

4. 适用于高供低计并实行购电制的单电源配电工程。

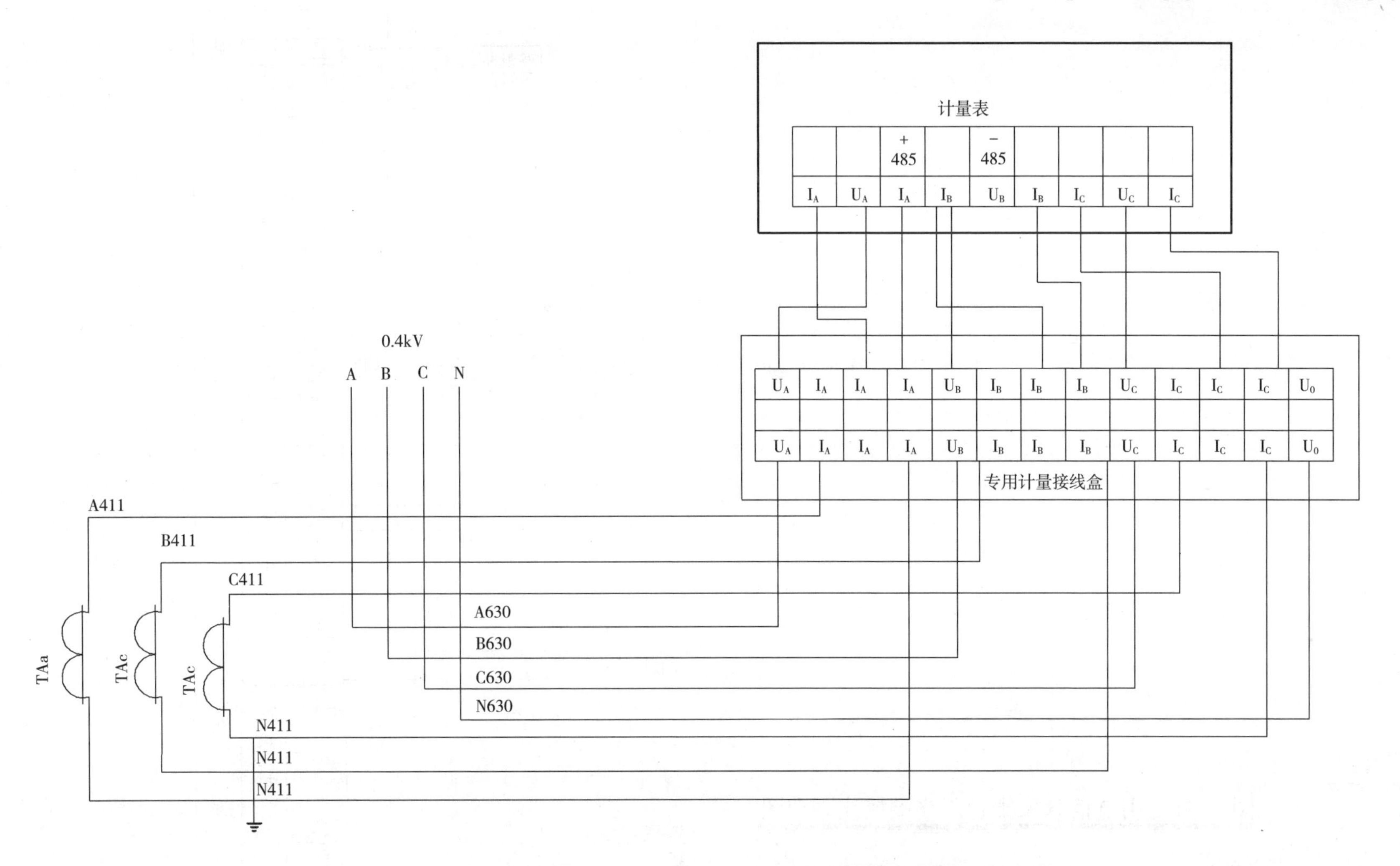

图 1-20　低压计量屏电流、电压回路接线图

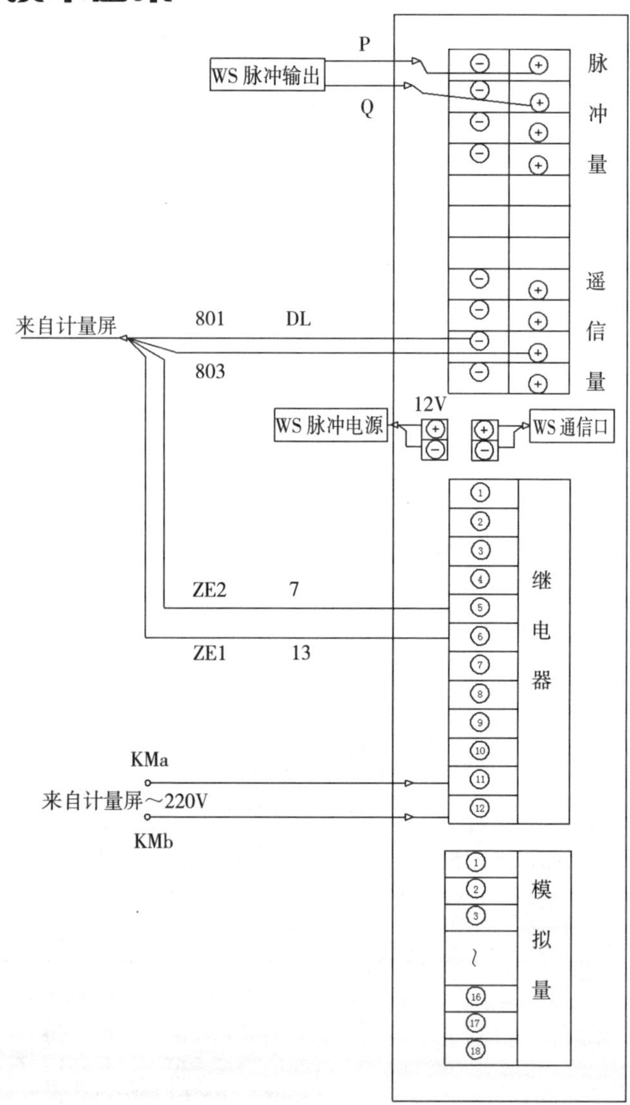

图 1-21　用电信息采集管理终端接线原理图

说明：1. 用电信息采集管理终端按供电企业要求配置；

2. 用电信息采集管理终端装于低压综合计量屏上。

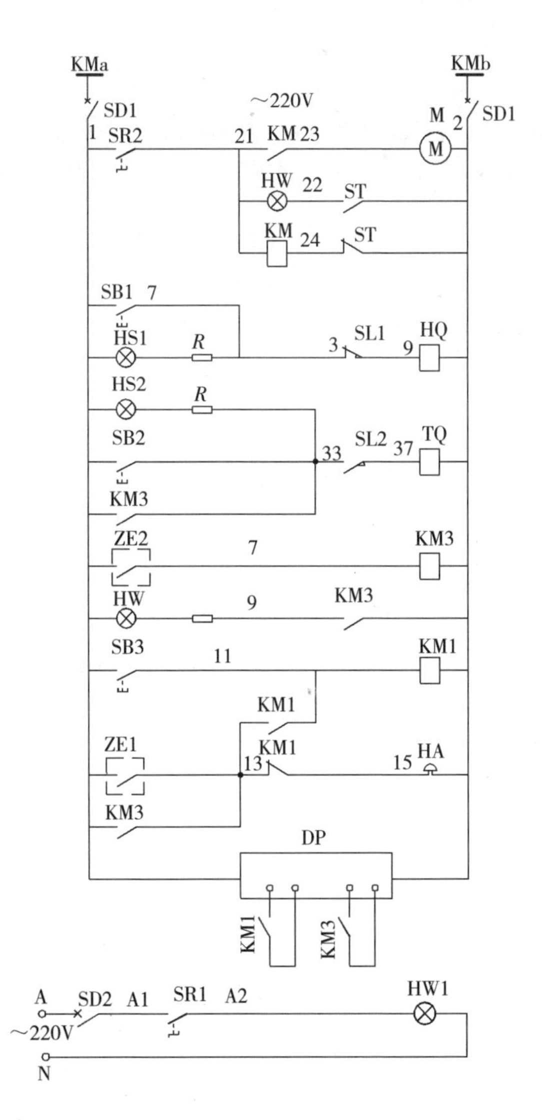

控制回路	
控制小母线及熔断器	
储能电机控制和储能位置指示	
手动合闸	合闸回路
跳闸指示	合闸回路
合闸提示	跳闸回路
手动跳闸	跳闸回路
电费为零跳闸	跳闸回路
电费为零跳闸启动	跳闸回路
电费为零信号灯	报警信号
音响解除	报警信号
剩余报警	报警信号
电费为零报警	报警信号
语音报警器	报警信号

设 备 表

符 号	名 称	形 式	技术特性	数量	备 注
装于 10kV 综合计量屏					
SD1	空气开关	C45N/2P-4A	~220V，3A	1	
SD2	空气开关	C45N/1P-2A	~220V，2A	1	
WS	三相三线交流电能表	DSSD-331	~220V	1	
KM	中间继电器	DZJ-204/220	~220V	1	
KM1，KM2	中间继电器	DZJ-208/220	~220V	2	
KM3	中间继电器	DZJ-208/220	~220V	1	
M	电机		~220V	1	操作机构内设备
ST	行程开关			2	操作机构内设备
SL1，SL2，SL3	真空开关辅助开关			5	操作机构内设备
TQ	脱扣开关		~220V	1	操作机构内设备
HQ	合闸线圈		~220V	1	操作机构内设备
SR1	旋钮开关	KN3-A	~220V，3A	1	
HW，HW1	白炽灯	220V，60W		2	
HS1，HS2	信号灯	AD11	~220V，3.3W	2	红、绿色各 1 只
SB1，SB2	按钮	LA18-22	~380V，5A	2	红、绿色各 1 只
FKQ	负控器	PM4227		1	
HA	脉冲蜂鸣器	UC4-2	~220V	1	
DP	语音报警器		~220V	1	
SR2	旋钮开关	HZ10-10/1	~220V，10A	1	

801 SL3 803 遥 信

开关柜检查灯

图 1-22 低压计量总屏控制回路接线原理图

说明：1. “ZE1、ZE2”为负控器上欠费报警和跳闸接点；

2. 适用于高供低计并实行购电制的配电工程。

1.8 农网10kV配电间典型案例图

1.8.1 总体说明

本设计10kV配电间采用真空负荷开关柜（空气绝缘）；10kV采用架空进线；变压器选用全密封、低噪声、低损耗、节能环保、S11型及以上配电变压器，容量为200～630kV·A，0.4kV低压柜采用固定式开关柜，进线总柜配置带剩余电流保护的框架式智能断路器，出线柜采用带剩余电流保护的塑壳断路器；0.4kV低压无功补偿采用动态自动补偿方式，补偿容量按变压器的40%配置。

1.8.2 适用场合

1. 经济发达的城镇、村庄和风沙较大、污秽腐蚀严重的区域。
2. 配电站的站址应接近负荷中心，满足低压供电半径要求。

1.8.3 技术条件（表1-1、表1-2）

表1-1 主要技术条件一览表

序号	项目名称	工程技术条件
1	变压器	选用S11型，容量200～630kV·A
2	10kV进线回路数	10kV进线1回，架空进线
3	0.4kV出线回路数	出线2～6回，电缆出线
4	电气主接线	10kV采用变压器组接线，0.4kV采用单母线接线
5	无功补偿	0.4kV电容器容量按变压器容量的40%配置，配置配变综合测控装置
6	布置方式	10kV开关柜采用户内布置，进线采用架空至开关柜，出线采用电缆引出至变压器 0.4kV开关柜采用户内单列布置，变压器至低压进线柜连接线采用铜排
7	土建部分	配电站建筑面积约30m²
8	主要设备配置	10kV选用真空负荷开关熔断器组合，进线配置两相干式电流互感器和1组氧化锌避雷针 0.4kV低压开关柜选用固定式开关柜，进线总柜配置带剩余电流保护的框架式断路器；出线柜开关采用带剩余电流保护的塑壳断路器

表1-2 基本模块及其技术参数

序号	基本模块名称	说明
1	10kV配电装置	10kV开关柜：空气绝缘负荷开关，线路变压器组接线 户内单列布置，房间长4.8m、宽3.6m、层高4.7m 10kV开关柜宽度均为800mm，10kV开关柜深度900mm 短路电流水平20kA/4s
2	主变压器	油浸式变压器，变压器室长3.6m、宽3.3m、层高4.7m
3	0.4kV配电装置	0.4kV开关柜：单母线接线，户内单列布置，与10kV开关柜布置于同一房间；低压开关柜宽度800m、深度600m

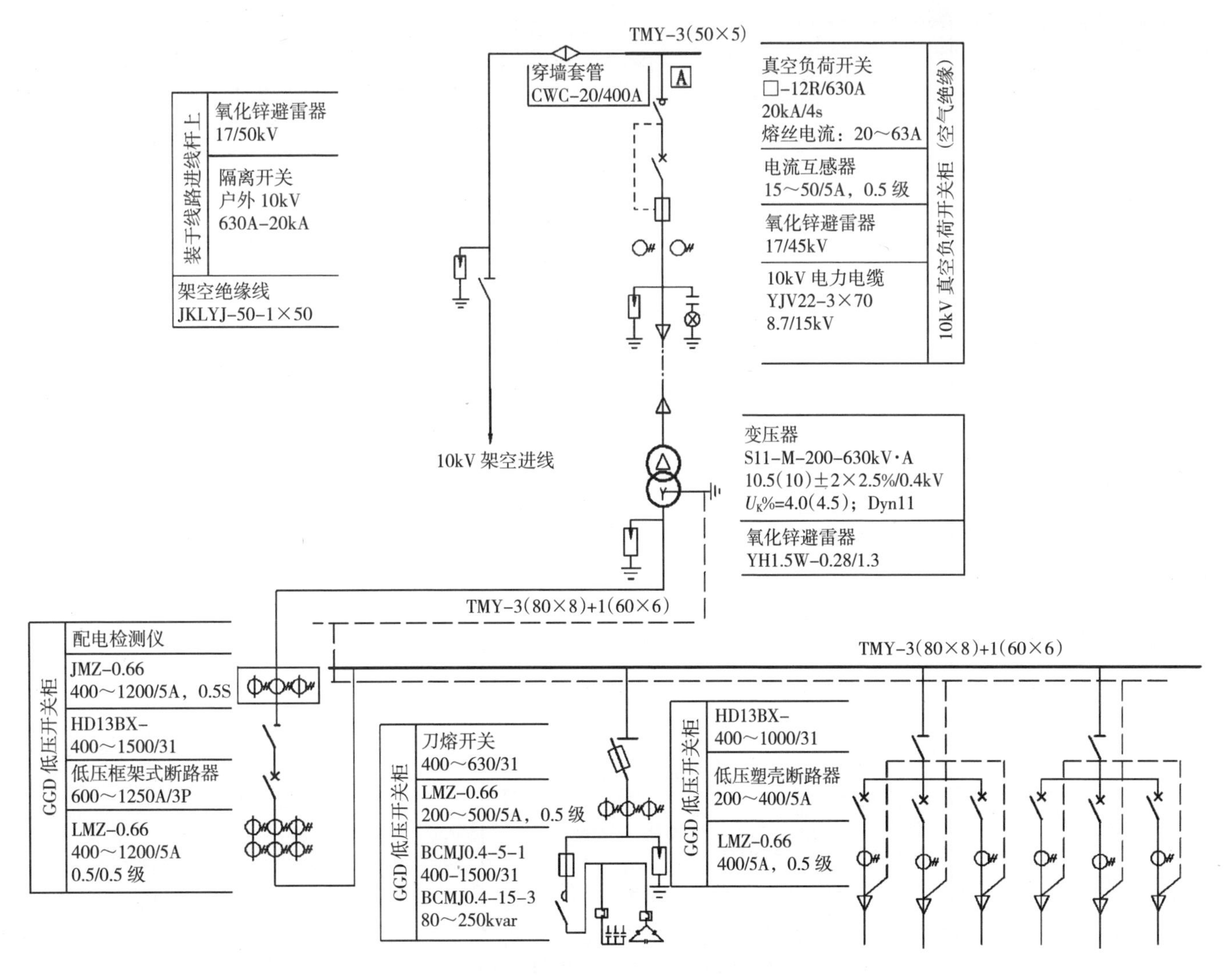
TMY-3(50×5)
穿墙套管
CWC-20/400A
装于线路进线杆上
氧化锌避雷器
17/50kV
隔离开关
户外 10kV
630A-20kA
架空绝缘线
JKLYJ-50-1×50
真空负荷开关
□-12R/630A
20kA/4s
熔丝电流：20～63A
电流互感器
15～50/5A，0.5 级
氧化锌避雷器
17/45kV
10kV 电力电缆
YJV22-3×70
8.7/15kV
10kV 真空负荷开关柜（空气绝缘）
10kV 架空进线
变压器
S11-M-200-630kV·A
10.5(10)±2×2.5%/0.4kV
U_K%=4.0(4.5)；Dyn11
氧化锌避雷器
YH1.5W-0.28/1.3
TMY-3(80×8)+1(60×6)
TMY-3(80×8)+1(60×6)
GGD 低压开关柜
配电检测仪
JMZ-0.66
400～1200/5A，0.5S
HD13BX-
400～1500/31
低压框架式断路器
600～1250A/3P
LMZ-0.66
400～1200/5A
0.5/0.5 级
GGD 低压开关柜
刀熔开关
400～630/31
LMZ-0.66
200～500/5A，0.5 级
BCMJ0.4-5-1
400-1500/31
BCMJ0.4-15-3
80～250kvar
GGD 低压开关柜
HD13BX-
400～1000/31
低压塑壳断路器
200～400/5A
LMZ-0.66
400/5A，0.5 级

图 1-23　电气主接线图

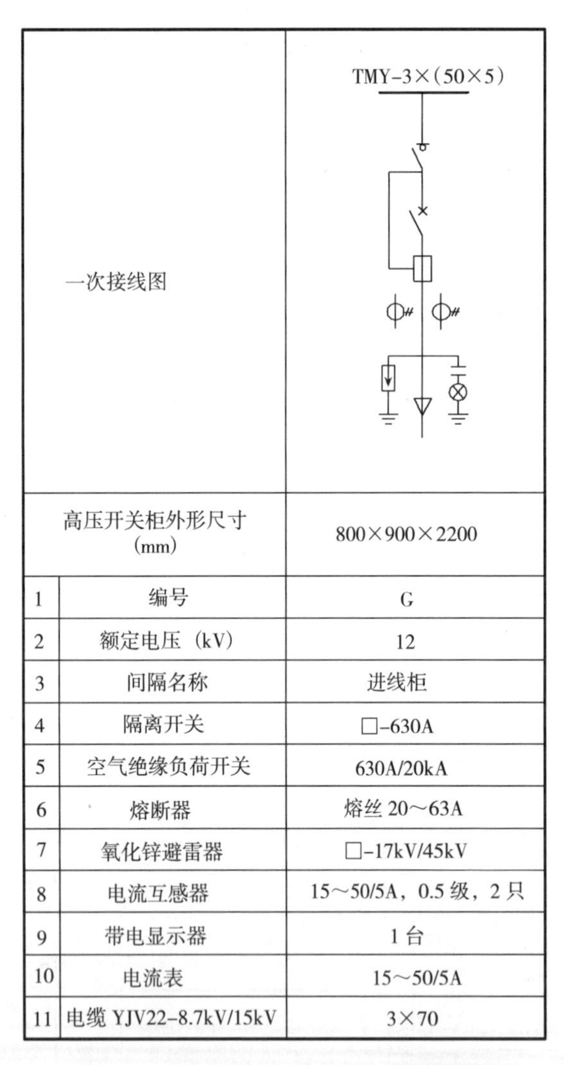

	一次接线图	
	高压开关柜外形尺寸(mm)	800×900×2200
1	编号	G
2	额定电压（kV）	12
3	间隔名称	进线柜
4	隔离开关	□-630A
5	空气绝缘负荷开关	630A/20kA
6	熔断器	熔丝 20～63A
7	氧化锌避雷器	□-17kV/45kV
8	电流互感器	15～50/5A，0.5 级，2 只
9	带电显示器	1 台
10	电流表	15～50/5A
11	电缆 YJV22-8.7kV/15kV	3×70

图 1-24　10kV 配电装置接线图

		D1		D2		D3	
一次接线图		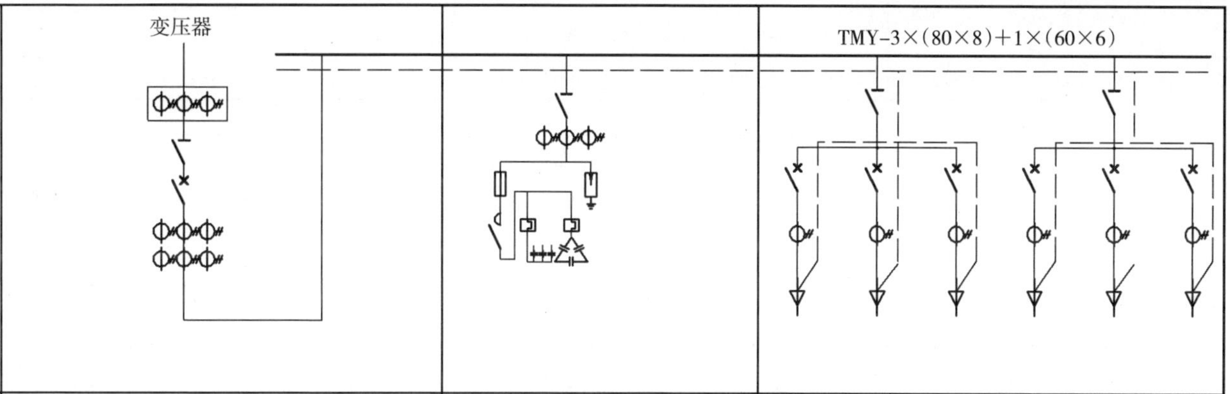 变压器				TMY-3×(80×8)+1×(60×6)	
编号用途		D1		D2		D3	
		进线（兼计量）柜		电容补偿柜		馈线柜	
一次接线方案		GGD2		GGD2		GGD2	
配电柜宽（mm）		800		800		800	
1	隔离开关	HD13BX-600-1500/31	1	HD13BX-400～630/31	1	HD13BX-1000/31	2
2	断路器	框架式带剩余电流保护 400～1250A/3	1			200-400M（塑壳式带剩余电流保护）	6
3	电流互感器	LMZ-0.66，400～1200/5A	9	LMZ-0.66，200～500/5A	3	LMZ-0.66，400/5A	6
4	电流表	400～1200/5A	3			400/5A	6
5	电压表	0～450V	1				
6	无功补偿控制器				1		
7	接触器			GJ16-40	10		
8	热继电器			JR16-20/32	10		
9	避雷器			FYS-0.22	3		
10	电容器			BCMJ-0.4-15-3 BCMJ-0.4-5-1	10		
11	熔断器				30		
12	配电检测仪		1				
13	智能电能表		1				
14	智能配变终端	预留位置					

图 1-25　0.4kV 低压配电装置接线图

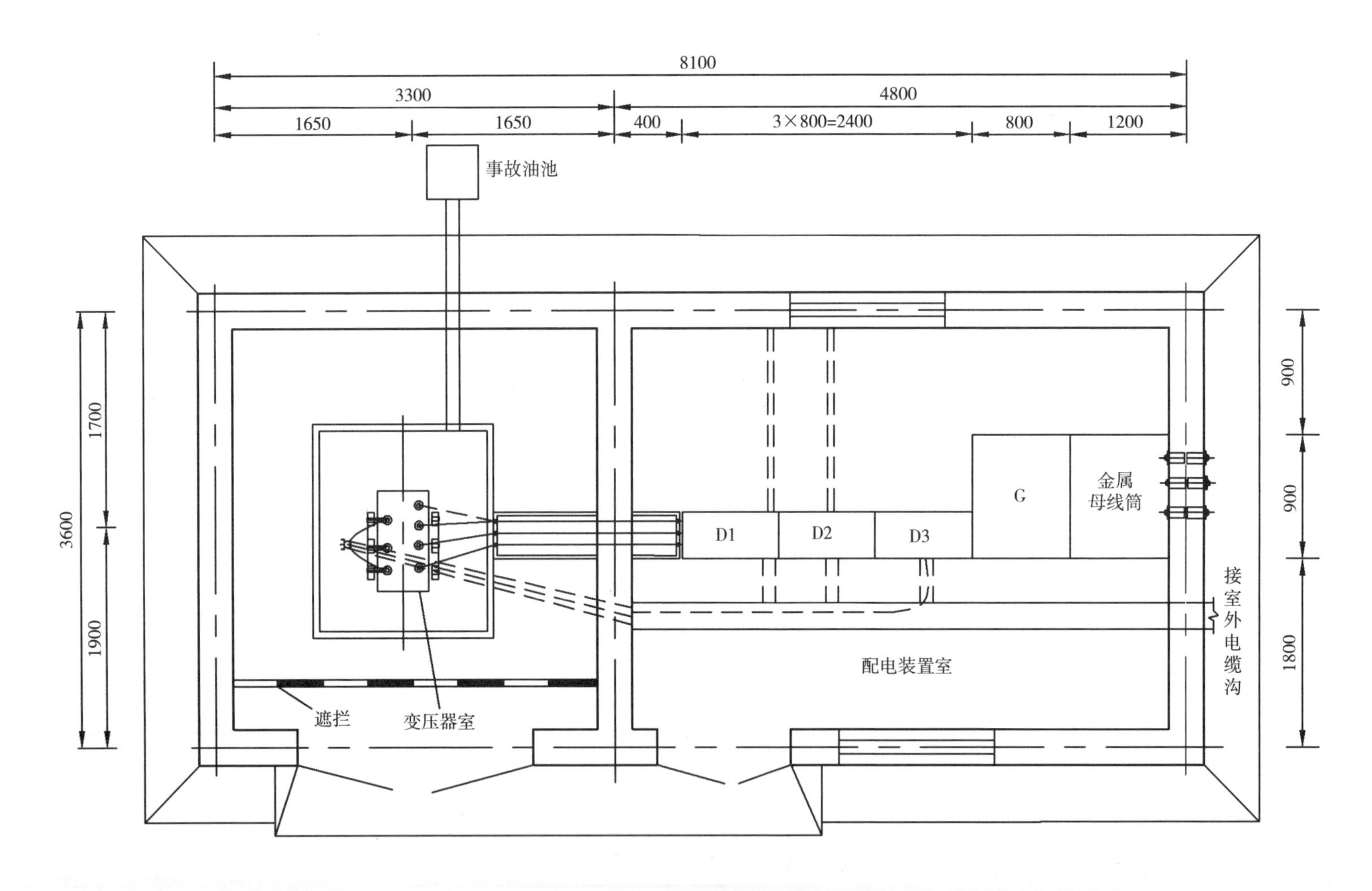

图 1-26　电气平面布置图

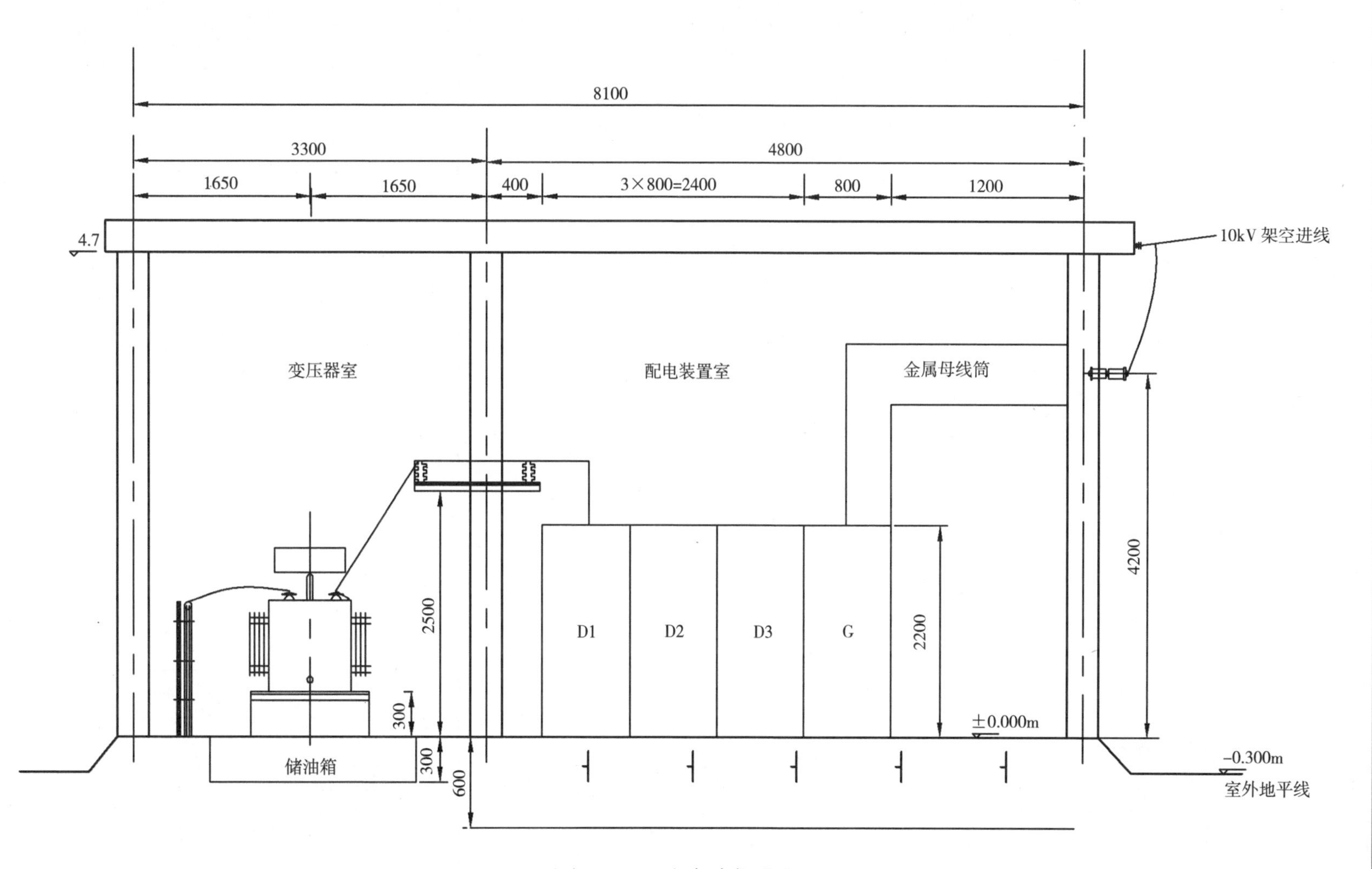
8100
3300
4800
1650
1650
400
3×800=2400
800
1200
4.7
10kV 架空进线
变压器室
配电装置室
金属母线筒
2500
4200
D1
D2
D3
G
2200
300
300
600
±0.000m
储油箱
-0.300m
室外地平线

图 1-27　电气剖面图

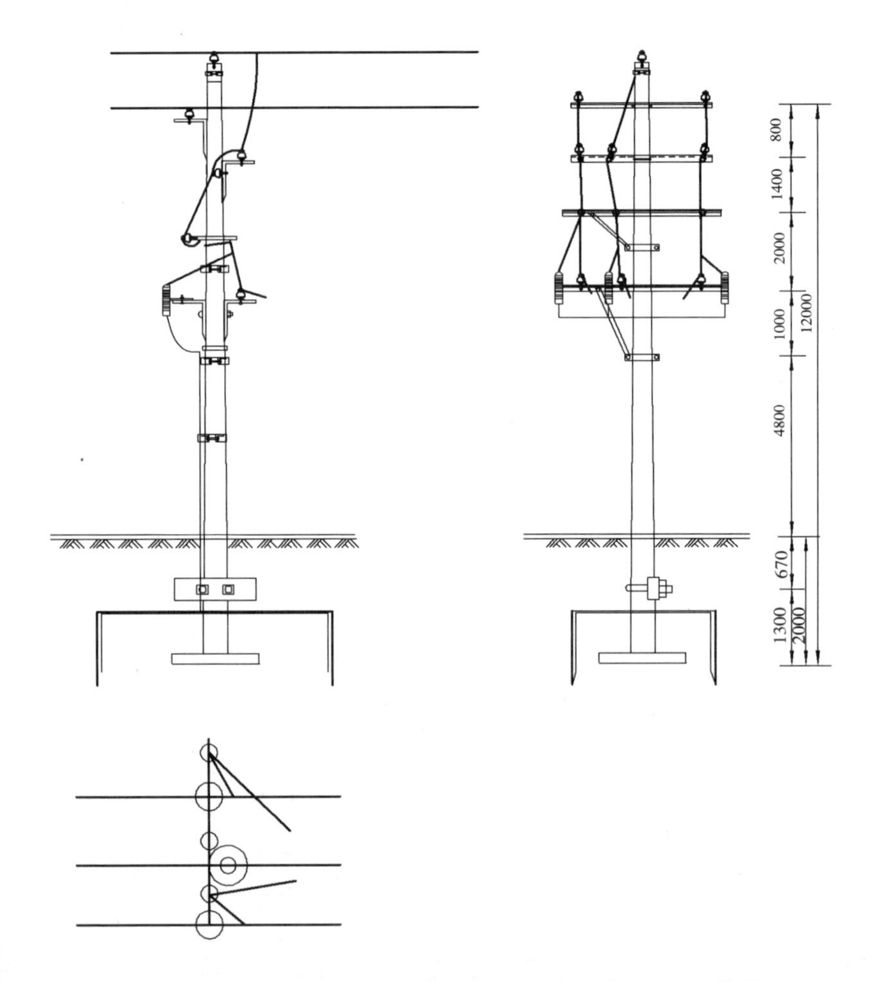

图 1-28　架空接线图

材料表

序号	名称		规格及型号	单位	数量	备注
1	水泥杆		ϕ190-12m	根	1	根据具体工程情况取用
2	底盘		DP8	块	1	根据具体工程情况取用
3	卡盘		KP12	块	1	根据具体工程情况取用
4	卡盘抱箍		GY22	副	1	根据具体工程情况取用
5	单极刀闸		GW3-10kV/630	只	3	
6	避雷器		HY5WS-17/50L	只	3	
7	设备线夹		设计选定	只	16	
8	高压引下线		JKLYJ-10=1×50mm	m	16	
9	变压器引下线		JKLYJ-10=1×50mm	m	6	
10	避雷器引下线		JKLYJ-10=1×50mm	m	5	
11	接地装置		设计选定	套	1	
12	安全标识牌		设计选定	个	1	
13	高压验电接地环		设计选定	个	3	
14	熔断器支架	角钢	L 63×6，L=1640mm	根	1	
		扁钢	-50×8，L=261mm	根	3	
		角钢	L 50×5，L=759mm	根	1	
		扁钢	-60×6，L=408mm	根	1	
		扁钢	60×6，L=544mm	块	2	
		扁钢	-50×5，L=-80mm	块	4	
		扁钢	-30×6，L=592mm	块	1	
15	熔断器支架	圆钢	ϕ6，L=170mm	块	2	
		底盘	M16	个	2	带垫片
		带帽螺栓	M16×40，L=40mm	个	1	
		带帽螺栓	M16×80，L=80mm	个	2	
		带帽螺栓	M16×50，L=50mm	个	3	
16	避雷器支架	角钢	L63×6，L=1640mm	根	2	
		角钢	L50×5，L=749mm	根	2	
		扁钢	-60×6，L=322mm	块	2	
		扁钢	-60×6，L=563mm	块	2	
		扁钢	-50×6，L=80mm	块	4	
		带帽螺栓	M16×40，L=40mm	个	1	
		带帽螺栓	M16×80，L=80mm	个	2	
		带帽螺栓	M16×350，L=110mm	个	2	
17	高压引下线横担	角钢	L63×6，L=1640mm	根	1	
		扁钢	-60×6，L=258mm	块	1	
		扁钢	-30×6，L=548mm	块	1	
		圆钢	ϕ16，L=158mm	根	2	
		螺母	M16	个	2	

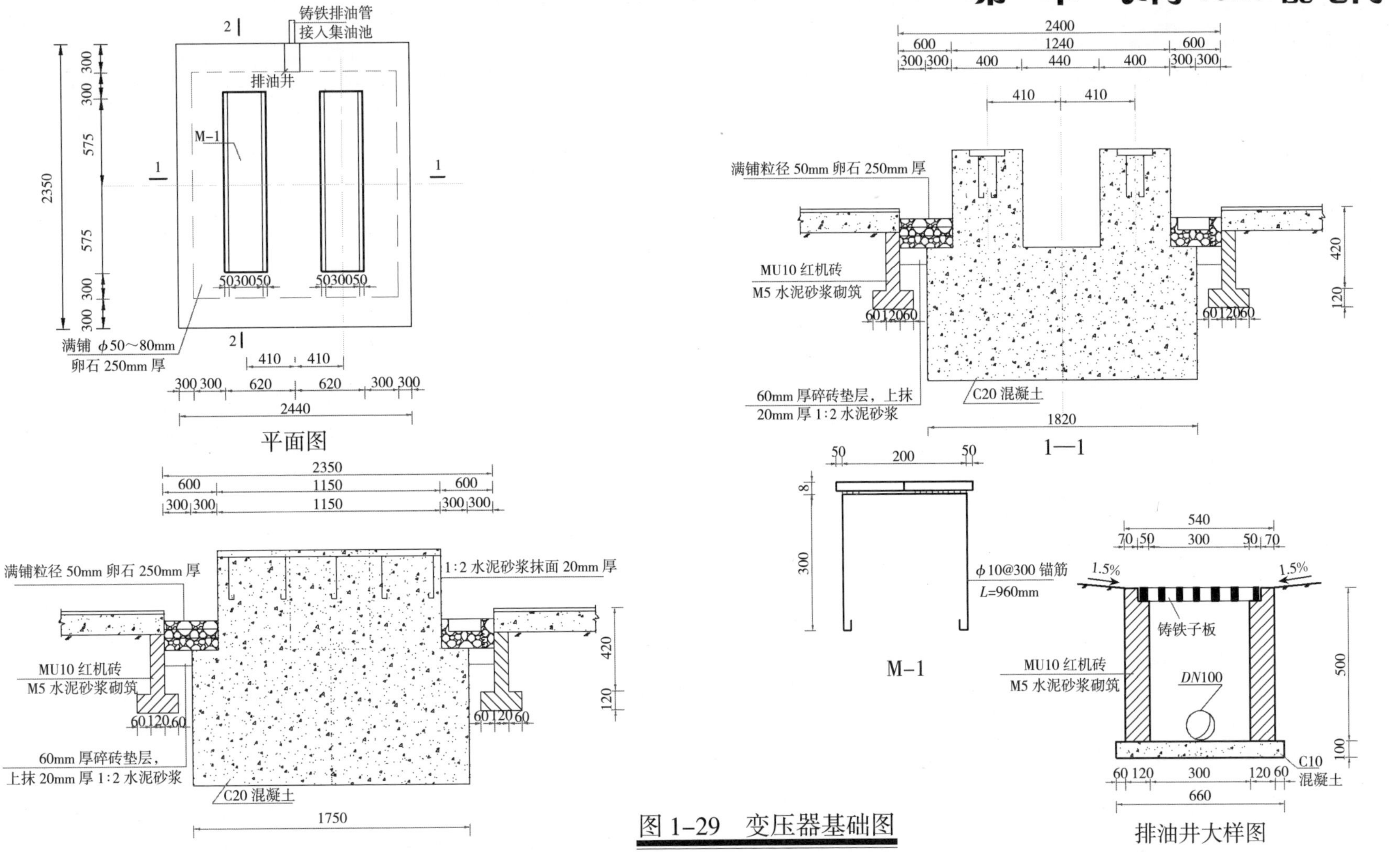

铸铁排油管
接入集油池
排油井
M-1
满铺 ϕ50～80mm
卵石 250mm 厚

平面图

满铺粒径 50mm 卵石 250mm 厚
1∶2 水泥砂浆抹面 20mm 厚
MU10 红机砖
M5 水泥砂浆砌筑
60mm 厚碎砖垫层，
上抹 20mm 厚 1∶2 水泥砂浆
C20 混凝土

2—2

满铺粒径 50mm 卵石 250mm 厚
MU10 红机砖
M5 水泥砂浆砌筑
60mm 厚碎砖垫层，上抹
20mm 厚 1∶2 水泥砂浆
C20 混凝土

1—1

ϕ10@300 锚筋
L=960mm

M-1

铸铁子板
MU10 红机砖
M5 水泥砂浆砌筑
DN100
C10
混凝土

排油井大样图

图 1-29　变压器基础图

说明：1. 适用于 630kV·A 的变压器，其他变压器轨距需根据实际情况调整；

2. 材料：Q235 钢材，C20 混凝土，焊条采用 E43 型，MU10 红机砖，M5 水泥砂浆。

第二章　10kV 柱上变压器台

2.1　概述

10kV柱上变压器台是配电网的基本单元。涉及范围是从高压引下线接头至低压出线这段的柱上变压器台及其相关的电杆部分。

2.1.1　电气主接线

10kV采用线路变压器组接线，0.4kV采用单母线接线。

2.1.2　主要设备

1. 变压器：柱上变压器容量一般不超过 400kV·A，变比采用 10.5(10) ± 2 × 2.5%/0.4kV，型号 S11 系列。

2. 无功补偿装置：按无功补偿变压器容量的 10% ~ 40%补偿，配综合测控装置。

3. 10kV侧配置跌落式熔断器。

4. 0.4kV侧总进线配置刀熔开关，出线配置塑壳断路器。

2.1.3　电气设备布置及安装

1. 配电变压器按双杆方式。

2. 低压综合配电箱（兼计量、出线、补偿、综合测控功能）装于变压器下部或电杆侧面，距地面 1.0m 以上，加装锁具、防雨淋、防盗措施以及触电警告。

2.1.4　防雷、接地及过压保护

1. 柱上变压器台高压侧安装氧化锌避雷器，多雷区柱上变压器台低压侧安装氧化锌避雷针。

2. 设水平和垂直接地的复合接地网。

2.1.5　电气保护

变压器高压侧采用跌落式熔断器保护，低压侧进线采用刀熔开关，出线采用带剩余电流保护功能的塑壳断路器。

2.2　柱上变压器台组装图

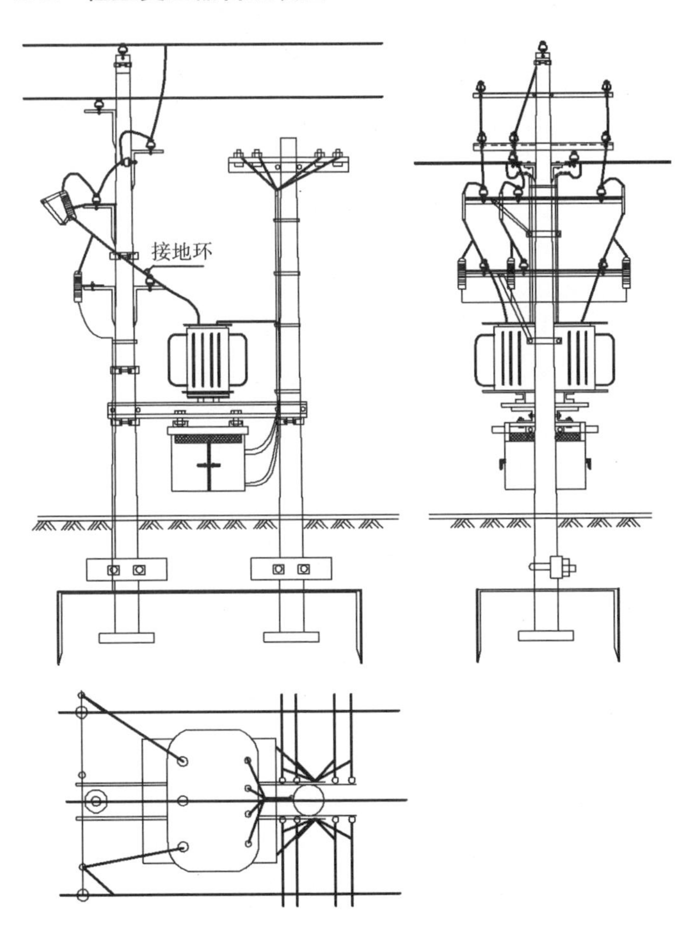

图 2-1　柱上变压器台组装形式 1

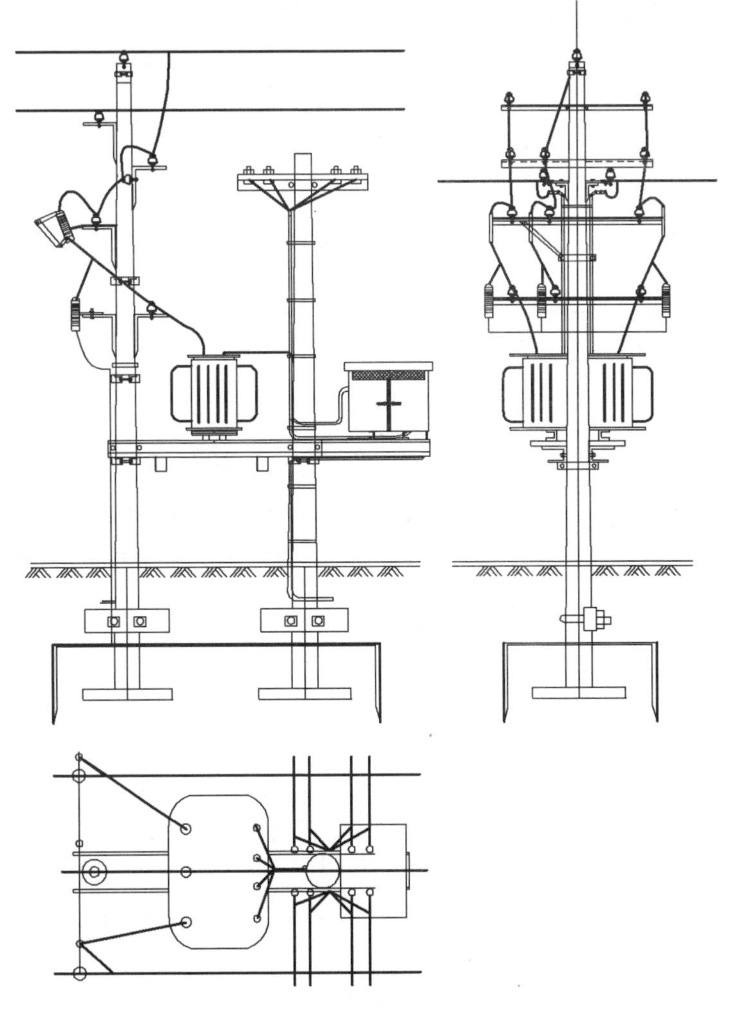

图 2-2　柱上变压器台组装形式 2

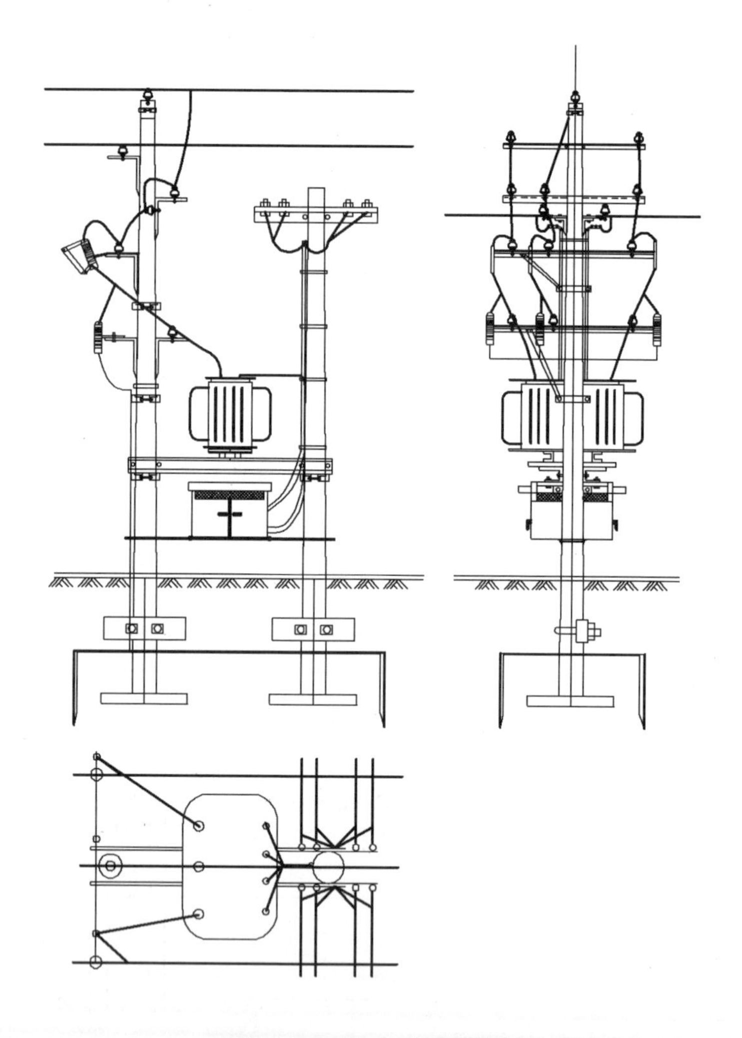

图 2-3　柱上变压器台组装形式 3

2.3 综合计量配电箱图

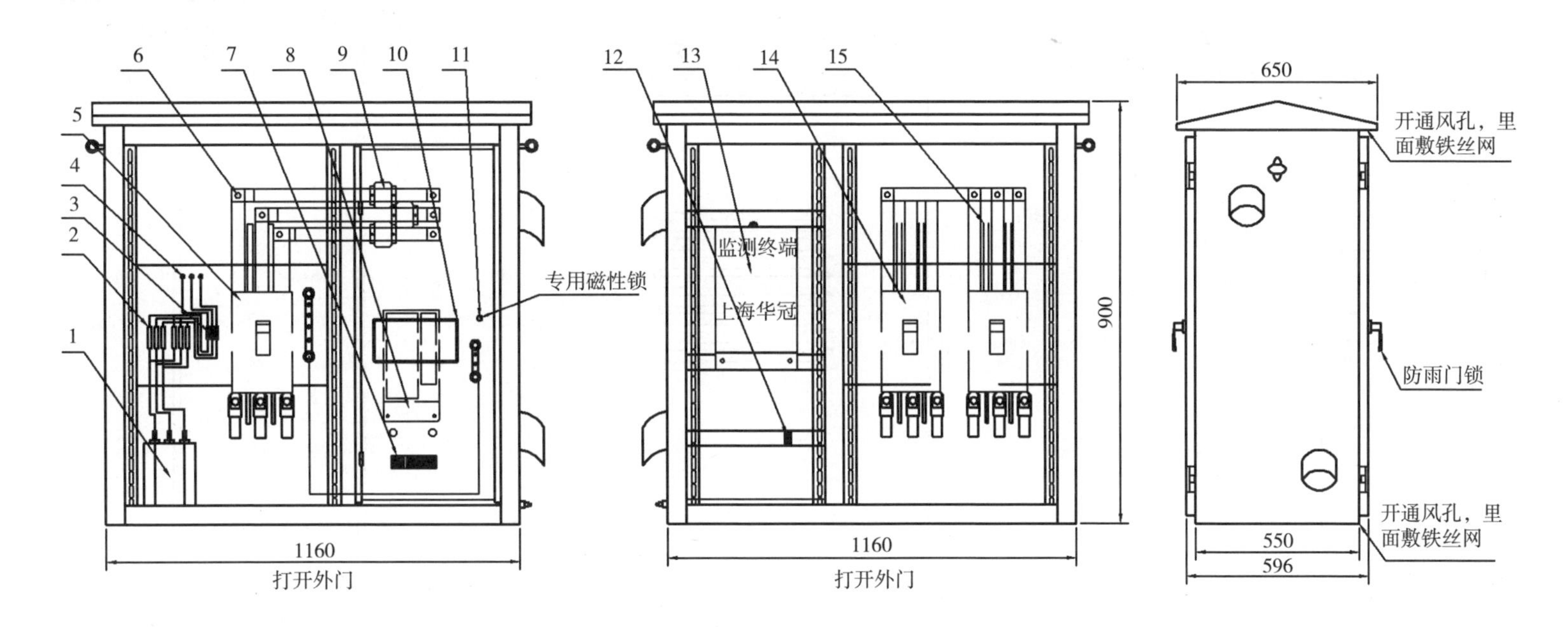

1. 电容器 2. 熔断器 3. 断路器 4. 避雷器 5. 断路器 6. 母排 7. 计量盒 8. 电度表
9. 互感器 10. 观察窗 11. 门锁 12. 断路器 13. 监测终端 14. 断路器 15. 母排

图 2-4 综合计量配电箱图（内部）

说明：1. 箱底安装支架，可直接固定在电线杆上；
2. 通风孔内加网板以防小动物进入；
3. 计量室隔板采用 5mm 厚环氧树脂板；
4. 所有母排镀锡并套有色热塑管。

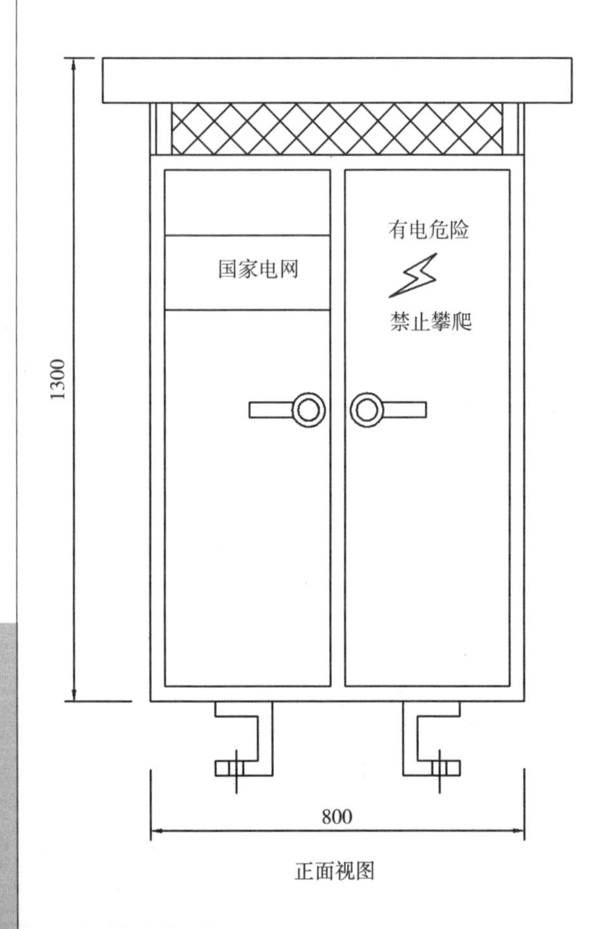

正面视图

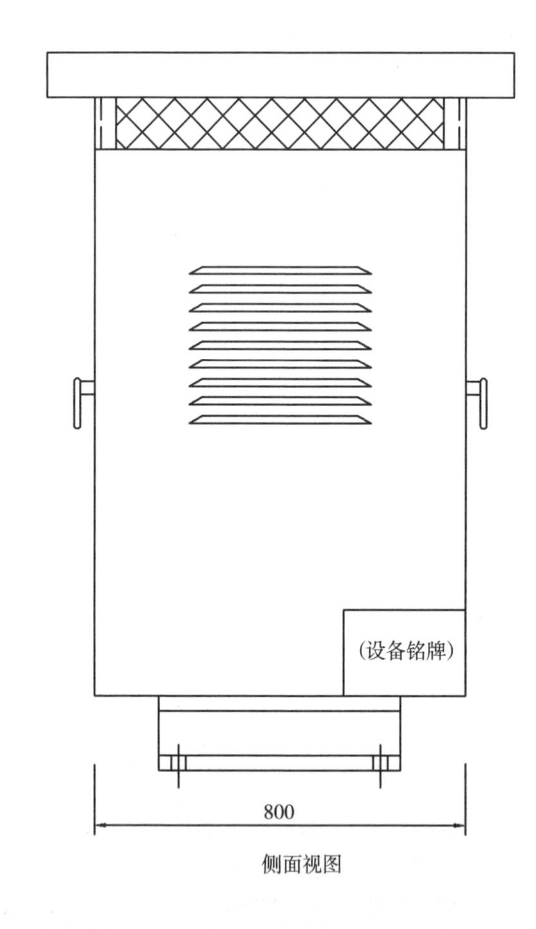

侧面视图

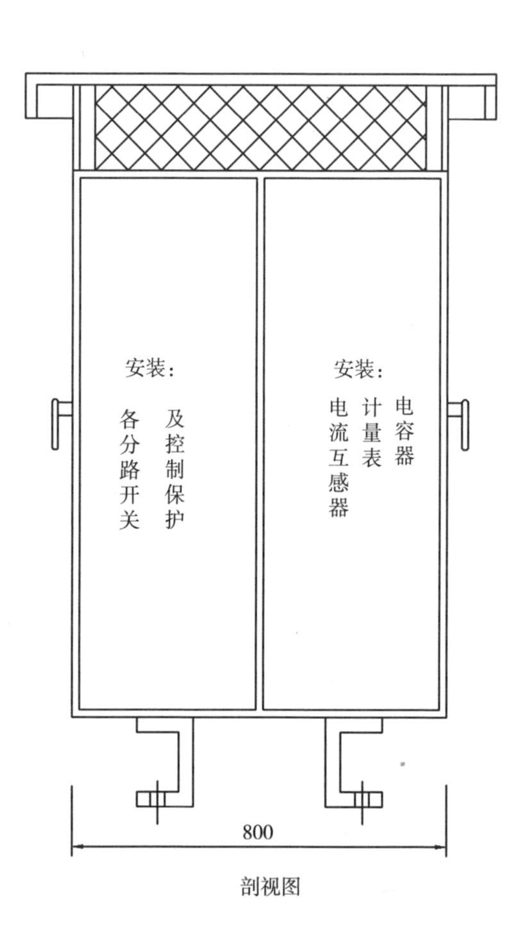

剖视图

图 2-5　立式综合配电箱外形图

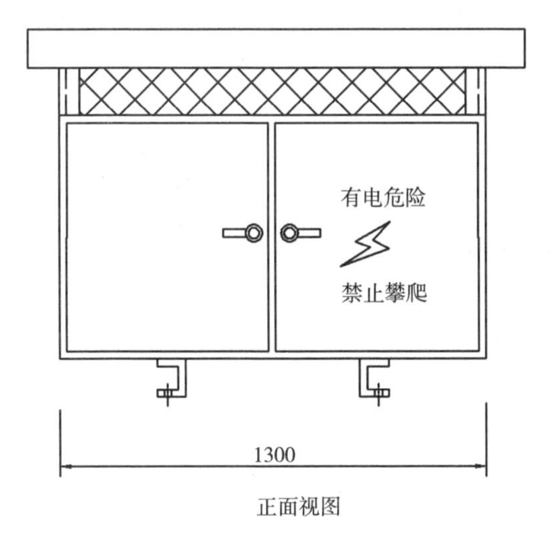

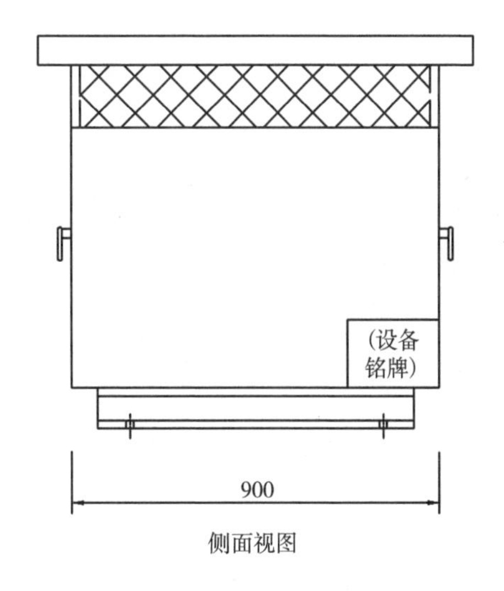

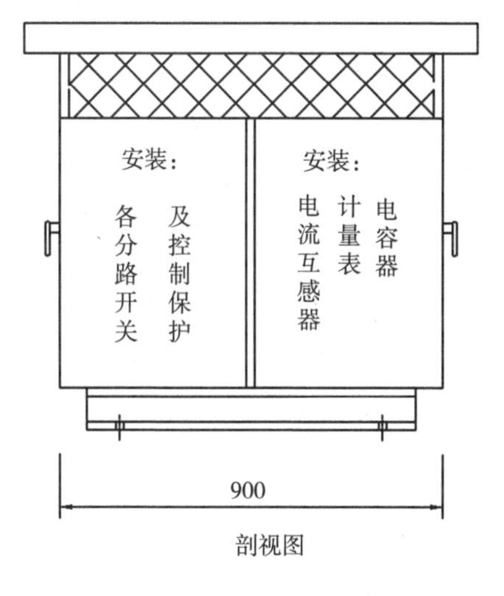

图 2-6　卧式综合配电箱外形图

2.4 农网 10kV柱上变压器台典型案例图

总体说明

10kV柱上变压器台包括三个基本模块：10kV配电装置、配电变压器、0.4kV配电装置。（表 2-1、表 2-2）

10kV主变压器一台，型号为 S11 型及以上配电变压器，容量为 315～400kV·A。10kV采用变压器组接线，0.4kV采用单母线接线；低压综合配电箱出线 1～3 回，配置动态无功补偿装置，按变压器容量的 40%配置，低压综合配电箱采用户外布置，箱内配置刀熔开关、塑壳断路器、无功补偿及计量装置。

表 2-1　　基本模块及技术参数

序号	基本模块名称	说　明
1	10kV 配电装置	10kV 采用户外跌落式熔断器，架空绝缘导线引下
2	变压器	油浸式变压器，容量为 315～400kV·A
3	0.4kV 配电装置	低压综合配电箱（立式或卧式）

表 2-2　　主要设备材料表

序号	通用材料	型号及规格	单位	数量
1	配电变压器	S11-M-□/10	台	1
2	低压综合配电箱		台	1
3	跌落式熔断器		只	3
4	避雷针	HYSWS-17/50L	只	3
5	电杆	ϕ190-12m	根	1
6	电杆	ϕ190-9m	根	1

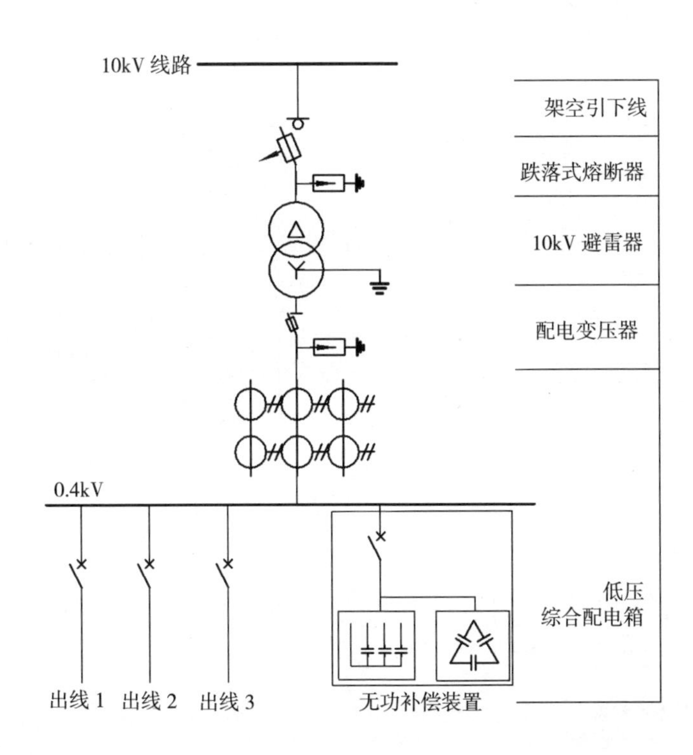

材料表

序号	名称	规格参数	单位	数量	备注
1	架空引下线	JKLYJ-10/1×50	m	40	根据杆高选择长度
2	跌落式熔断器		只	3	
		熔断链电流按变压器额定电流的 1.5~2 倍选择	根	3	
3	10kV 避雷器	HY5WS-17/50L	只	3	可拆卸式避雷器
4	配电变压器	S11-M-200/10	台	1	10±2×2.5/0.4 Dyn11,U_k%=4
5	低压综合配电箱		台	1	
6	低压电缆	YJV-1-1×240	m	20	根据出线回路数调整电缆规格
7	低压电缆	YJV-1-1×150	m	20	根据出线回路数调整电缆规格
8	低压电缆	YJV-1-1×120	m	20	根据出线回路数调整电缆规格

图 2-7 电气主接线图

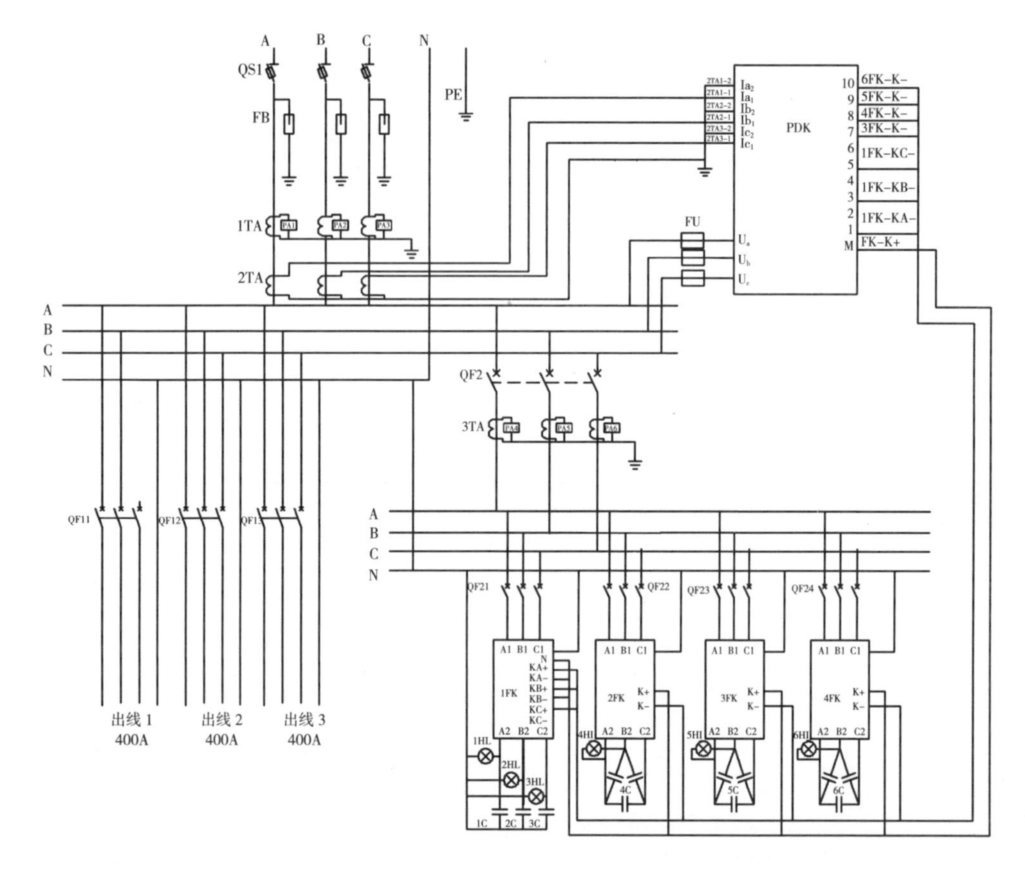

设备材料表

序号	代号	设备名称	型号规格
1	PDK	配电综合测控仪	
2	FK	负荷开关	380△
3	FK	负荷开关	220Y
4	1C-3C	交流低压电容	BCMJ0.4-1
5	4C-7C	交流低压电容	BCMJ0.44-3
6	1TA、2TA	电流互感器	BH-0.66
7	3TA	电流互感器	BH-0.66
8	QS1	刀熔开关	400A
9	QF2	空气开关	250A
10	QF11-QF13	空气开关	250A(带漏电保护)
11	QF21-QF24	空气开关	16A、25A、32A
12	FB	避雷器	HYS-0.22
13	FU	熔断器	HG30-32 (2)
14	PA1-PA6	电流表	42L6-A
15	1HL-7HL	指示灯	XDJ1-22

图 2-8　综合配电箱系统图

说明：1. 电容器容量配置按照变压器容量的 10%～40%配置；

2. 出线开关数量根据变压器及需要可配置 1～3 路出线开关；

3. 开关额定容量根据变压器及需要配置开关，并装设漏电保护装置。

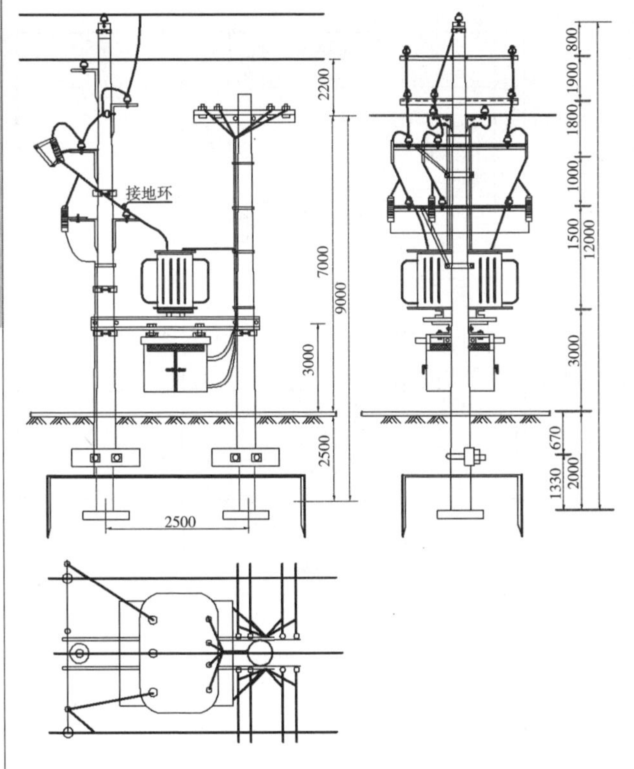

材　料　表

序号	名称		规格及型号	单位	数量	备注
1	混凝土杆		φ190-12m	根	1	主杆
			φ190-9m	根	1	副杆
2	底盘		DP8	块	2	根据具体工程情况取用
3	卡盘		KP12	块	2	根据具体工程情况取用
4	卡盘抱箍		GY22	副	2	根据具体工程情况取用
5	变压器		100～200kV·A	台	1	
6	低压综合配电箱		设计选定	台	1	
7	低压出线套管		设计选定	台	1	
8	跌落式熔断器		设计选定	只	3	
9	避雷器		HY5WS-17/50L	只	3	
10	设备线夹		设计选定	只	16	
11	针式绝缘子		P-15～20T	只	12	
12	0.4kV 绝缘子		设计选定	只	8	
13	螺栓		设计选定	只	8	
14	高压引下线		JKLYJ-10-1×50	m	20	
15	变压器引下线		JKLYJ-10-1×50	m	14	
16	避雷器引下线		JKLYJ-10-1×50	m	6	
17	变压器支架	槽钢	[14，L=3177mm	根	2	变压器横担台架
		槽钢	[10，L=824mm	根	2	变压器横担台架
		带帽螺栓	M24，L=380mm	只	6	用于变压器横担台架
		带帽螺栓	M20，L=80mm	只	8	用于变压器横担台架
		抱箍板	-100×8，L=588mm	块	2	主杆固定变压器
		抱箍板	-100×8，L=547mm	块	2	副杆固定变压器
		加劲板	-60×6，L=80mm	块	16	
18	熔断器支架	角钢	∟63×6，L=1640mm	根	1	
		扁钢	-50×6，L=261mm	根	3	
		角钢	∟50×5，L=759mm	根	1	
		扁钢	-60×6，L=408mm	根	1	
		扁钢	-60×6，L=544mm	块	2	
		扁钢	-50×5，L=80mm	块	4	
		扁钢	30×6，L=592mm	块	1	

序号	名称		规格及型号	单位	数量	备注
18	熔断器支架	底盘	φ16，L=170mm	块	2	
		底盘	M16	个	2	带垫片
		带帽螺栓	M16×40，L=40mm	个	1	
		带帽螺栓	M16×80，L=80mm	个	2	
		带帽螺栓	M16×50，L=50mm	个	3	
19	避雷器支架	角钢	∟60×6，L=1640mm	根	2	
		角钢	∟50×5，L=749mm	根	2	
		扁钢	-60×6，L=322mm	块	2	
		扁钢	-60×6，L=563mm	块	2	
		扁钢	-50×6，L=80mm	块	4	
		带帽螺栓	M16×40，L=40mm	个	1	
		带帽螺栓	M16×80，L=80mm	个	2	
		带帽螺栓	M16×350，L=110mm	个	2	
20	高压引下线横担	角钢	∟60×6，L=1640mm	根	1	
		扁钢	-60×6，L=258mm	块	1	
		扁钢	-30×6，L=548mm	块	1	
		圆钢	φ16，L=158mm	根	2	
		螺母	M16	个	2	
21	低压出线横担	角钢	∟70×7，L=1480mm	根	2	
		扁钢	-50×8，L=492mm	块	4	
		扁钢	-60×6，L=246mm	块	2	
		带帽螺栓	M16×40，L=50mm	个	8	
		带帽螺栓	M16×260，L=260mm	个	2	
22	接地装置		设计选定	套	1	
23	安全标示牌		设计选定	个	2	
24	台区名称牌		设计选定	个	1	

图 2-9　10kV 柱上变压器台杆型组装图

说明：1. 10kV引线应配置挂接地线使用的接地环；

2. 接地引下线应独立分接；

3. 支架设计按变压器自重 1210kg 考虑。

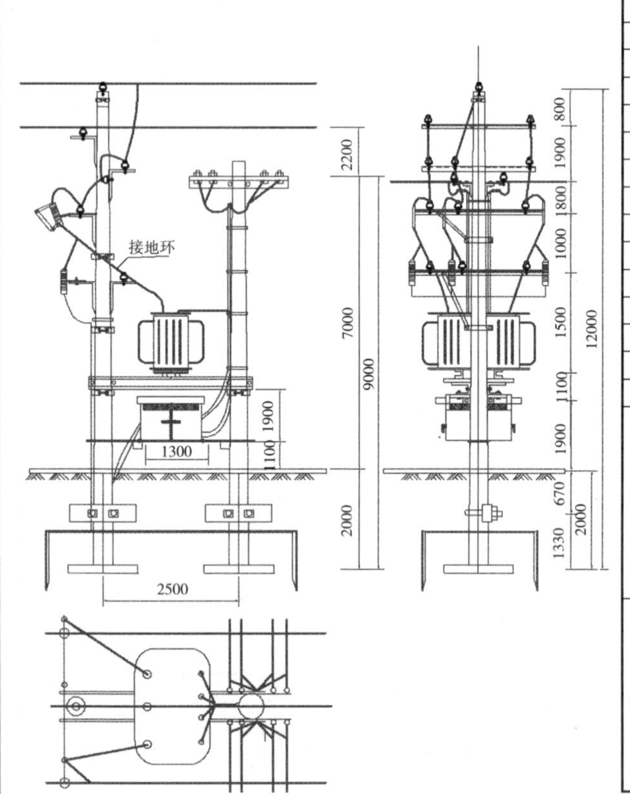

材 料 表

序号	名称		规格及型号	单位	数量	备注
1	混凝土杆		ϕ190–12m	根	1	主杆
			ϕ190–9m	根	1	副杆
2	底盘		DP8	块	2	根据具体工程情况取用
3	卡盘		KP12	块	2	根据具体工程情况取用
4	卡盘抱箍		GY22	副	2	根据具体工程情况取用
5	变压器		200kV 及以下	台	1	
6	低压综合配电箱		设计选定	台	1	
7	低压出线套管		设计选定	台	1	
8	跌落式熔断器		设计选定	只	3	
9	避雷器		HY5WS–17/50L	只	3	
10	设备线夹		设计选定	只	16	
11	针式绝缘子		P–15～20T	只	12	
12	0.4kV 绝缘子		设计选定	只	8	
13	螺栓		设计选定	只	8	
14	高压引下线		JKLYJ–10–1×50	m	20	
15	变压器引下线		JKLYJ–10–1×50	m	14	
16	避雷器引下线		JKLYJ–10–1×50	m	6	
17	变压器支架	槽钢	[12，L=3177mm	根	2	变压器横担台架
		槽钢	[10，L=824mm	根	2	变压器横担台架
		带帽螺栓	M24，L=380mm	只	6	用于变压器横担台架
		带帽螺栓	M20，L=80mm	只	8	用于变压器横担台架
		抱箍板	–100×8，L=588mm	块	2	主杆固定变压器
		抱箍板	–100×8，L=547mm	块	2	副杆固定变压器
		加劲板	–60×6，L=80mm	块	16	
18	熔断器支架	角钢	∟63×6，L=1640mm	根	1	
		扁钢	–50×6，L=261mm	根	3	
		角钢	∟50×5，L=759mm	根	1	
		扁钢	–60×6，L=408mm	根	1	
		扁钢	–60×6，L=544mm	块	2	
		扁钢	–50×5，L=80mm	块	4	
		扁钢	30×6，L=592mm	块	1	

序号	名称		规格及型号	单位	数量	备注
18	熔断器支架	底盘	ϕ16，L=170mm	块	2	
		底盘	M16	个	2	带垫片
		带帽螺栓	M16×40，L=40mm	个	1	
		带帽螺栓	M16×80，L=80mm	个	2	
		带帽螺栓	M16×50，L=50mm	个	3	
19	避雷器支架	角钢	∟66×5，L=1640mm	根	2	
		角钢	∟50×5，L=749mm	根	2	
		扁钢	–60×6，L=322mm	块	2	
		扁钢	–60×6，L=563mm	块	2	
		扁钢	–50×6，L=80mm	块	4	
		带帽螺栓	M16×40，L=40mm	个	1	
		带帽螺栓	M16×80，L=80mm	个	2	
		带帽螺栓	M16×350，L=110mm	个	2	
20	高压引下线横担	角钢	∟63×6，L=1640mm	根	1	
		扁钢	–60×6，L=258mm	块	1	
		扁钢	–30×6，L=548mm	块	1	
		圆钢	ϕ16，L=158mm	根	2	
		螺母	M16	个	2	
21	低压出线横担	角钢	∟70×7，L=1480mm	根	2	
		扁钢	–50×8，L=492mm	块	4	
		扁钢	–60×6，L=246mm	块	2	
		带帽螺栓	M16×40，L=50mm	个	8	
		带帽螺栓	M16×260，L=260mm	个	2	
22	综合配电箱支架	角钢	∟63×6，L=3300mm	根	2	
		固定角钢	∟50×5，L=800mm	根	2	
		带帽螺栓	M12×120，L=120mm	个	4	
		带帽螺栓	M20×420，L=420mm	个	2	
23	接地装置		设计选定	套	1	
24	安全标示牌		设计选定	个	2	
25	台区名称牌		设计选定	个	1	

图 2–10　10kV 柱上变压器台杆型组装图

说明：1. 10kV引线应配置挂接地线使用的接地环；

2. 接地引下线应独立分接；

3. 支架设计按变压器自重 1210kg 考虑。

序号	名称		规格及型号	单位	数量	备注
1	混凝土杆		φ190-12m	根	1	主杆
			φ190-9m	根	1	副杆
2	底盘		DP8	块	2	
3	卡盘		KP12	块	2	
4	卡盘抱箍		GY22	副	2	
5	变压器		200kV 及以下	台	1	
6	低压综合配电箱		设计选定	台	1	
7	低压出线套管		设计选定	台	1	
8	跌落式熔断器		设计选定	只	3	
9	避雷器		HY5WS-17/50L	只	3	
10	设备线夹		设计选定	只	16	
11	PVC 管		φP180	m	18	根据具体工程情况取用
12	针式绝缘子		P-15～20T	只	12	
13	0.4kV 绝缘子		设计选定	只	8	
14	螺栓		设计选定	只	8	
15	高压引下线		JKLYJ-10-1×50	m	20	
16	变压器引下线		JKLYJ-10-1×50	m	14	
17	避雷器引下线		JKLYJ-10-1×50	m	6	
18	变压器支架	槽钢	[12，L=3177mm	根	2	变压器横担台架
		槽钢	[10，L=824mm	根	2	变压器横担台架
		带帽螺栓	M24，L=380mm	只	6	用于变压器横担台架
		带帽螺栓	M20，L=80mm	只	8	用于变压器横担台架
		抱箍板	-100×8，L=588mm	块	2	主杆固定变压器
		抱箍板	-100×8，L=547mm	块	2	副杆固定变压器
		加劲板	-60×8，L=80mm	块	16	
19	熔断器支架	角钢	∟63×6，L=1640mm	根	1	
		扁钢	-50×8，L=261mm	根	3	
		角钢	∟50×5，L=759mm	根	1	
		扁钢	-60×6，L=408mm	根	1	
		扁钢	-60×6，L=544mm	块	2	
		扁钢	-50×5，L=80mm	块	4	
		扁钢	-30×6，L=592mm	块	1	
19	熔断器支架	底盘	φ16，L=170mm	块	2	
		底盘	M16	个	2	带垫片
		带帽螺栓	M16×40，L=40mm	个	1	
		带帽螺栓	M16×80，L=80mm	个	2	
		带帽螺栓	M16×50，L=50mm	个	3	
20	避雷器支架	角钢	∟63×6，L=1640mm	根	2	
		角钢	∟50×5，L=749mm	根	2	
		扁钢	-60×6，L=322mm	块	2	
		扁钢	-60×6，L=563mm	块	2	
		扁钢	-50×6，L=80mm	块	4	
		带帽螺栓	M16×40，L=40mm	个	1	
		带帽螺栓	M16×80，L=80mm	个	2	
		带帽螺栓	M16×350，L=110mm	个	2	
21	高压引下线横担	角钢	∟63×6，L=1640mm	根	1	
		扁钢	-60×6，L=258mm	块	1	
		扁钢	-30×6，L=548mm	块	1	
		圆钢	φ16，L=158mm	根	2	
		螺母	M16	个	2	
22	低压出线横担	角钢	∟70×7，L=1480mm	根	2	
		扁钢	-50×8，L=492mm	块	4	
		扁钢	-60×6，L=246mm	块	2	
		带帽螺栓	M16×40，L=50mm	个	8	
		带帽螺栓	M16×260，L=260mm	个	2	
23	PVC 管固定铁件	扁钢	-60×8，L=860mm	根	1	
		扁钢	-30×6，L=472mm	根	1	
		扁钢	-60×6，L=246mm	块	2	
		圆钢	φ16，L=150mm	块	2	
		带帽螺栓	-60×6，L=246mm	个	2	
24	接地装置		设计选定	套	1	
25	安全标示牌		设计选定	个	2	
26	台区名称牌		设计选定	个	1	

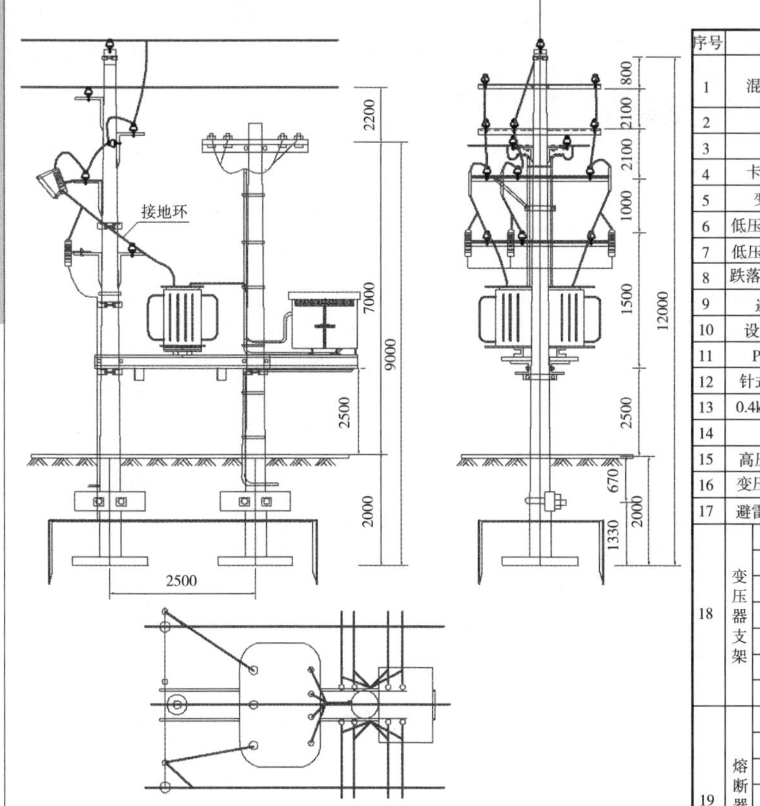

图 2-11 10kV 柱上变压器台杆型组装图

说明：1. 10kV引线应配置挂接地线使用的接地环；

2. 接地引下线应独立分接；

3. 支架设计按变压器自重 1210kg 考虑。

第三章 0.4kV 电缆分支箱

3.1 概述

3.1.1 性能与特点

0.4kV低压电缆分接箱是电网电缆化改造的配套设备，它可装设于户外、户内或埋地的场所，可将电力电缆与箱变、负荷开关柜、负一熔组合电器柜、环网供电单元等连接起来，起到分接、分支、中继或转换作用，为电缆网络化提供极大的方便。主要特点：采用预制型电缆插器件，具有全绝缘、全密封、全防水、免维护、安全可靠的卓越性能。电缆接插器件品种多样，规格齐全，配成系列，额定电流：250A、400A、630A；额定电压：0.4kV等级。（表 3-1）

0.4kV电缆分支箱设计涉及范围包括 0.4kV电缆分支箱本体部分，不包含电缆进、出线。分为进线开关容量、出线开关容量、回路数量三大模块。

3.1.2 电气主接线

主接线采用单母线接线方式。

3.1.3 主要设备

1. 断路器　分支箱进线、出线均为塑壳断路器，具备耐热、耐火的能力，配热磁式或电子脱扣。

2. 分支箱　采用电缆进出线形式，外壳采用不小于 1.5mm 厚 SUS304 号不锈钢，防护等级不低于 IP33。

3.1.4 防雷与接地保护

1. 为防止线路侵入的雷电波过电压，在进出线侧安装避雷针。

2. 箱内所有电气设备外壳、电缆支架、预埋件均与接地网可靠连接，接地体采用热镀锌材料。

3.1.5 技术条件

提供了三种方案：DF-1/630、DF-1/400、DF-1/250，技术条件如表 3-1 所示。

表 3-1　技术条件一览表

<table>
<tr><th>项目名称
编　号</th><th>母线额定电流</th><th>进出线数量</th><th>电气主接线</th><th>主要设备选择</th><th>分断能力</th><th>防雷接地</th><th>安装方式</th></tr>
<tr><td>DF-1/630</td><td>630A</td><td>进线：一回 630A；出线：两回 400A，两回 250A</td><td rowspan="3">单母接线</td><td rowspan="3">全绝缘封闭母线系统，进线、出线均为塑壳断路器</td><td rowspan="3">50kA</td><td rowspan="3">不大于 4Ω</td><td rowspan="3">落地式安装</td></tr>
<tr><td>DF-1/400</td><td>400A</td><td>进线：一回 400A；出线：四回 160A</td></tr>
<tr><td>DF-1/250</td><td>250A</td><td>进线：一回 250A；出线：160A</td></tr>
</table>

3.2 0.4kV电缆分支箱方案 DF-1/630

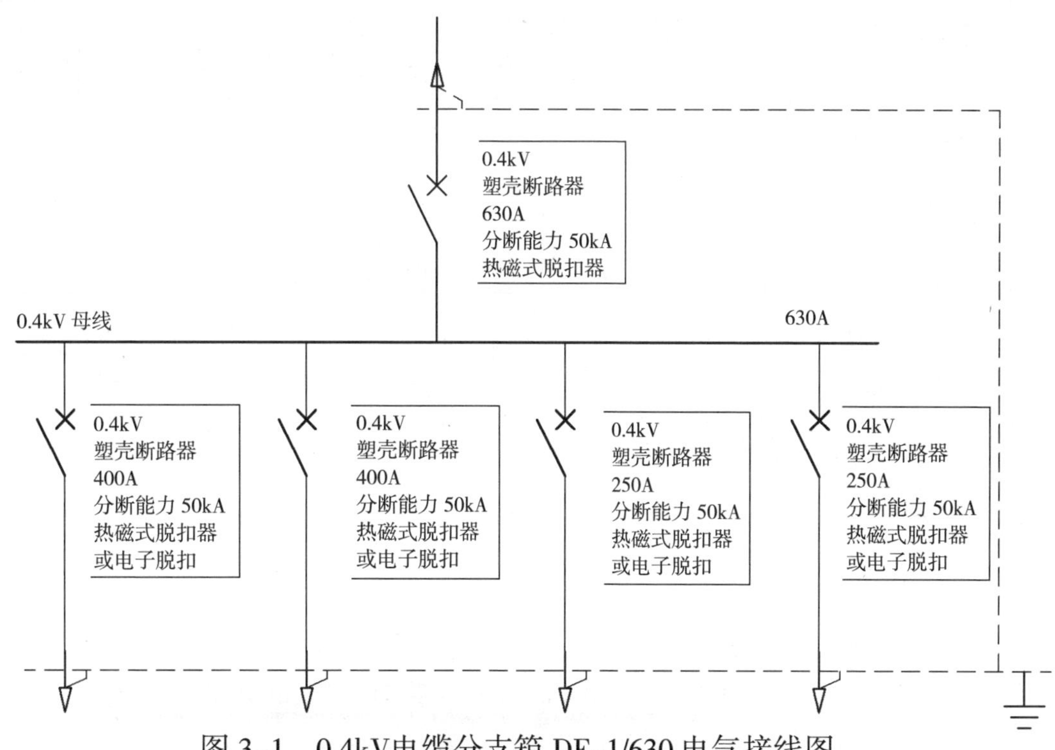

图 3-1 0.4kV电缆分支箱 DF-1/630 电气接线图

说明：1. 低压分支箱应采用全绝缘的母线系统；
2. 低压分支箱进、出线均用塑壳断路器；
3. 出线可根据实际负荷情况选用断路器；
4. 低压分支箱为下进线方式。

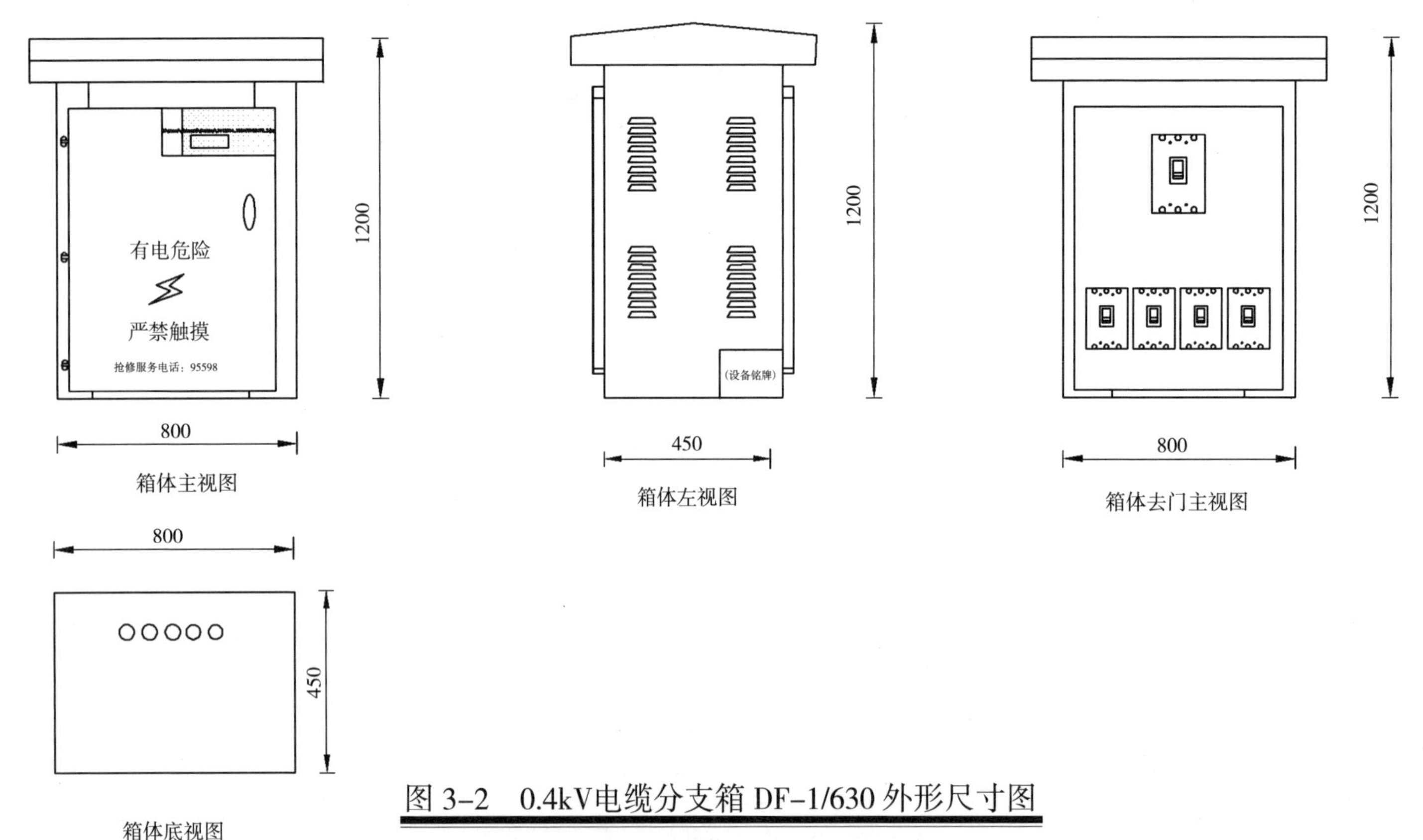

图 3-2　0.4kV电缆分支箱 DF-1/630 外形尺寸图

说明：1. 额定电流 630A；

2. 分支箱材质为不锈钢材料，箱体防护等级不低于 IP33；分支箱宜设置内外两道门，两道门锁均采用优质不锈钢通用钥匙挂锁；外门锁需采用防雨淋措施，门的铰链需采用优质不锈钢铰链；

3. 箱内带电部位不得裸露；

4. 箱体顶盖应有不小于 5%的坡度，顶盖不应积水。

3.3 0.4kV电缆分支箱方案 DF-1/400

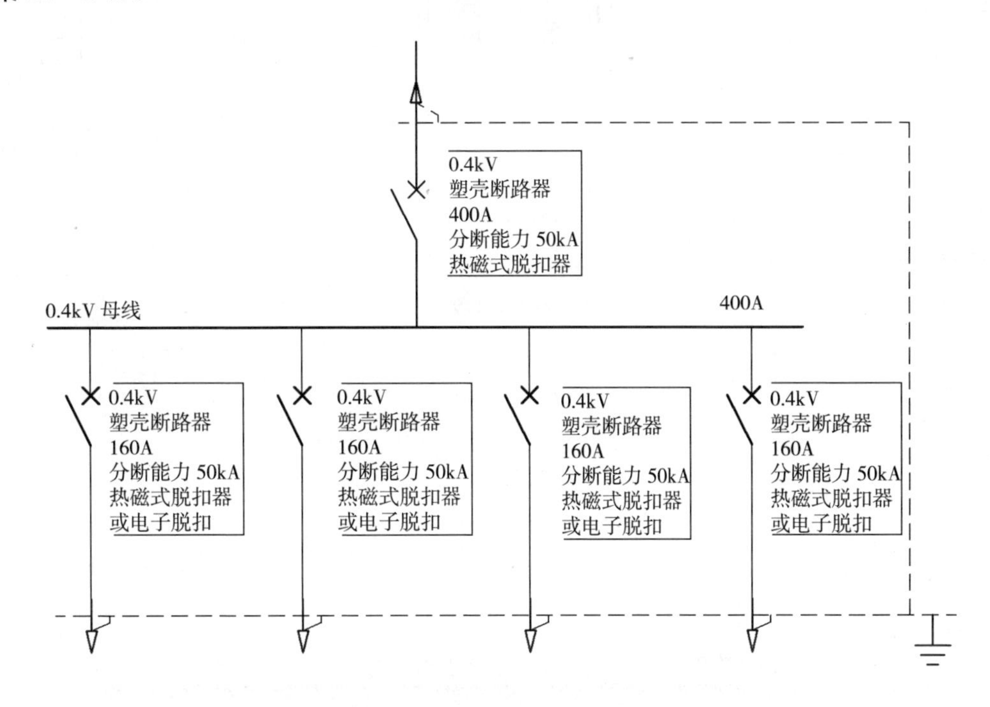

图 3-3 0.4kV电缆分支箱 DF-1/400 电气接线图

说明：1. 低压分支箱应采用全绝缘的母线系统；
2. 低压分支箱进、出线均用塑壳断路器；
3. 出线可根据实际负荷情况选用断路器；
4. 低压分支箱为下进线方式。

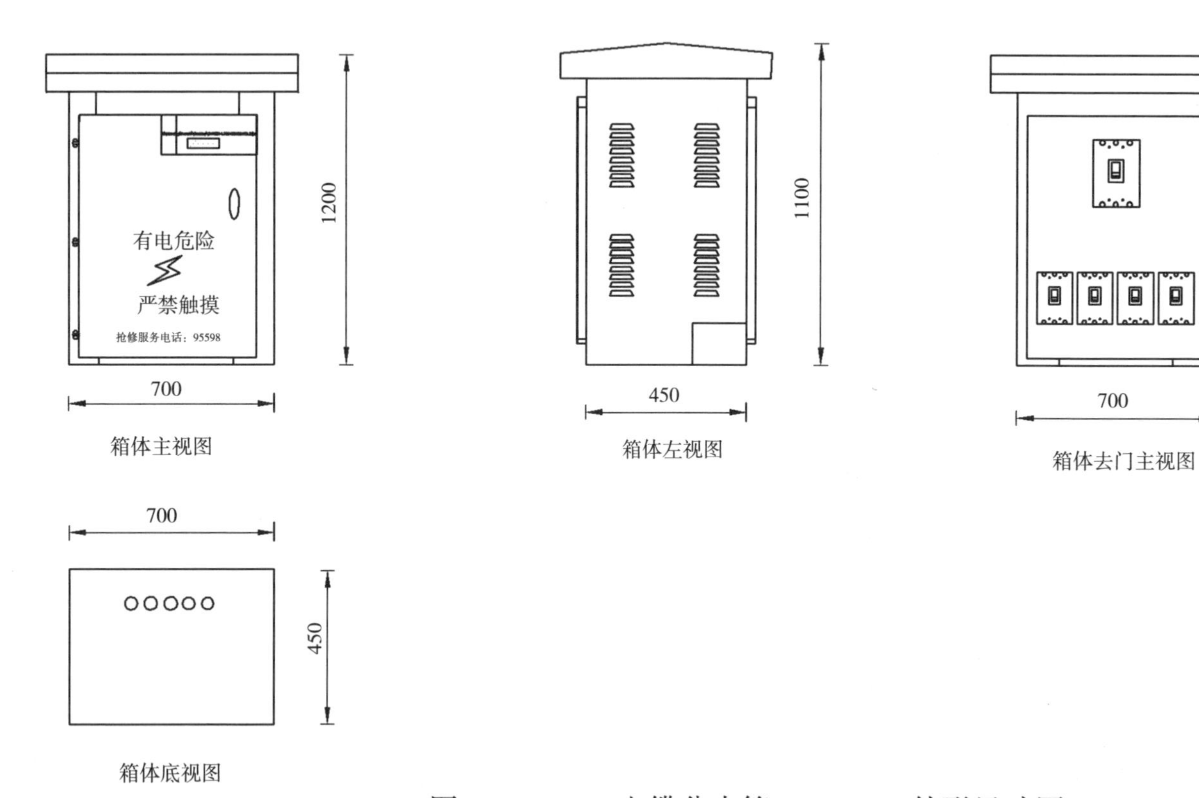

图 3-4　0.4kV电缆分支箱 DF-1/400 外形尺寸图

说明：1. 额定电流 400A；

2. 分支箱材质为不锈钢材料，箱体防护等级不低于 IP33；分支箱宜设置内外两道门，两道门锁均采用优质不锈钢通用钥匙挂锁；外门锁需采用防雨淋措施，门的铰链需采用优质不锈钢铰链；

3. 箱内带电部位不得裸露；

4. 箱体顶盖应有不小于 5%的坡度，顶盖不应积水。

3.4　0.4kV电缆分支箱方案 DF–1/250

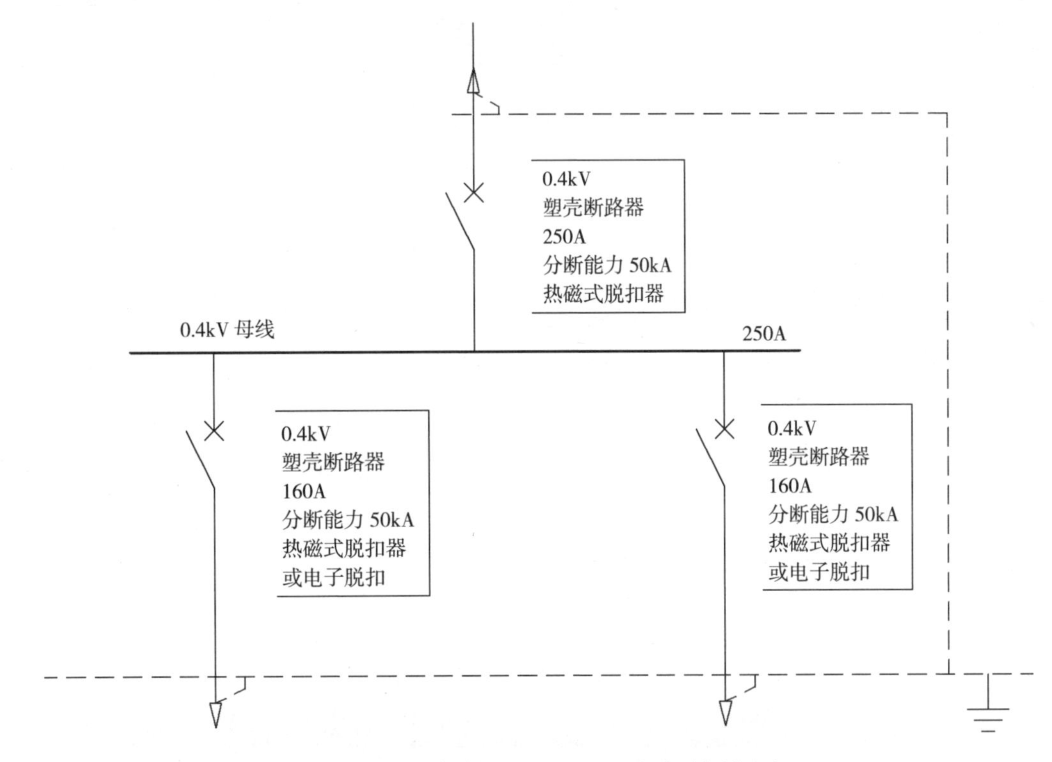

图 3–5　0.4kV电缆分支箱 DF–1/250 电气接线图

说明：1. 低压分支箱应采用全绝缘的母线系统；
2. 低压分支箱进、出线均用塑壳断路器；
3. 出线可根据实际负荷情况选用断路器；
4. 低压分支箱为下进线方式。

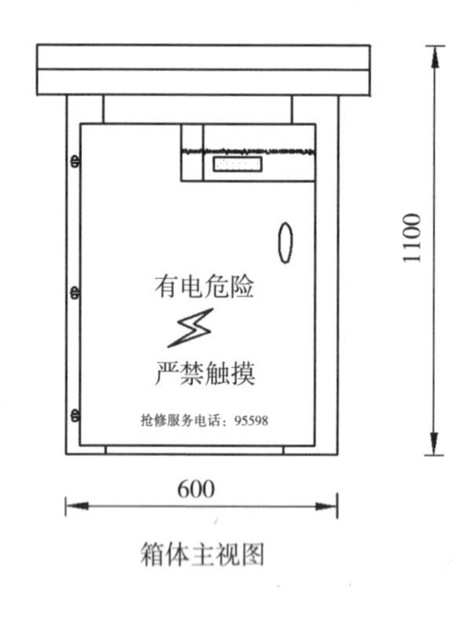

箱体主视图

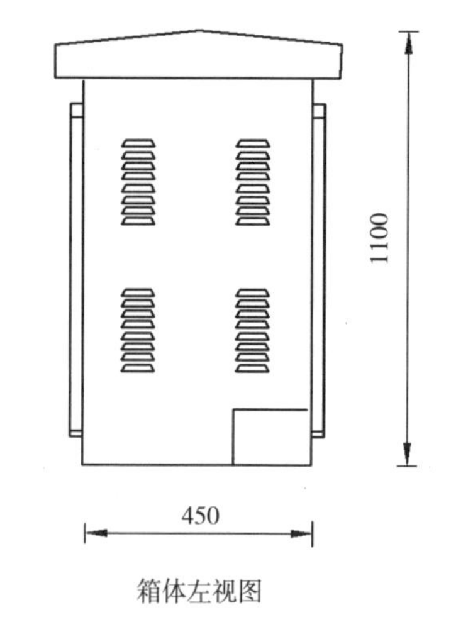

箱体左视图

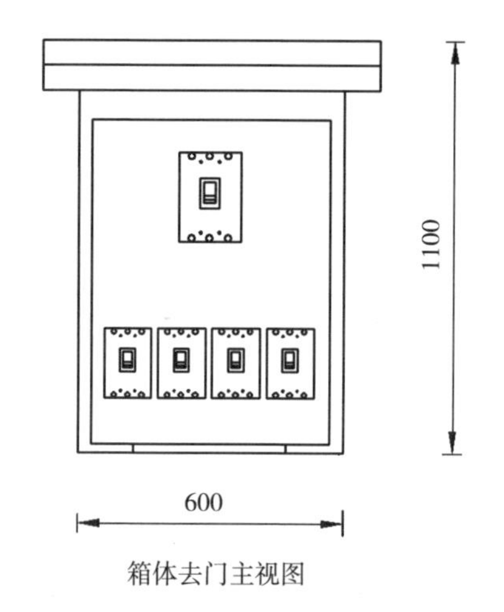

箱体去门主视图

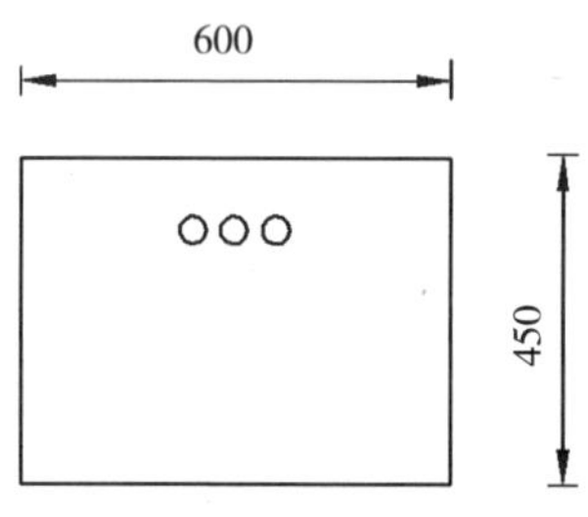

箱体底视图

图 3-6　0.4kV电缆分支箱 DF-1/250 外形尺寸图

说明：1. 额定电流 250A；

2. 分支箱材质为不锈钢材料，箱体防护等级不低于 IP33；分支箱宜设置内外两道门，两道门锁均采用优质不锈钢通用钥匙挂锁；外门锁需采取防雨淋措施，门的铰链需采用优质不锈钢铰链；

3. 箱体带电部分不得裸露；

4. 箱体顶盖应有不小于 5%的坡度，顶盖不应积水。

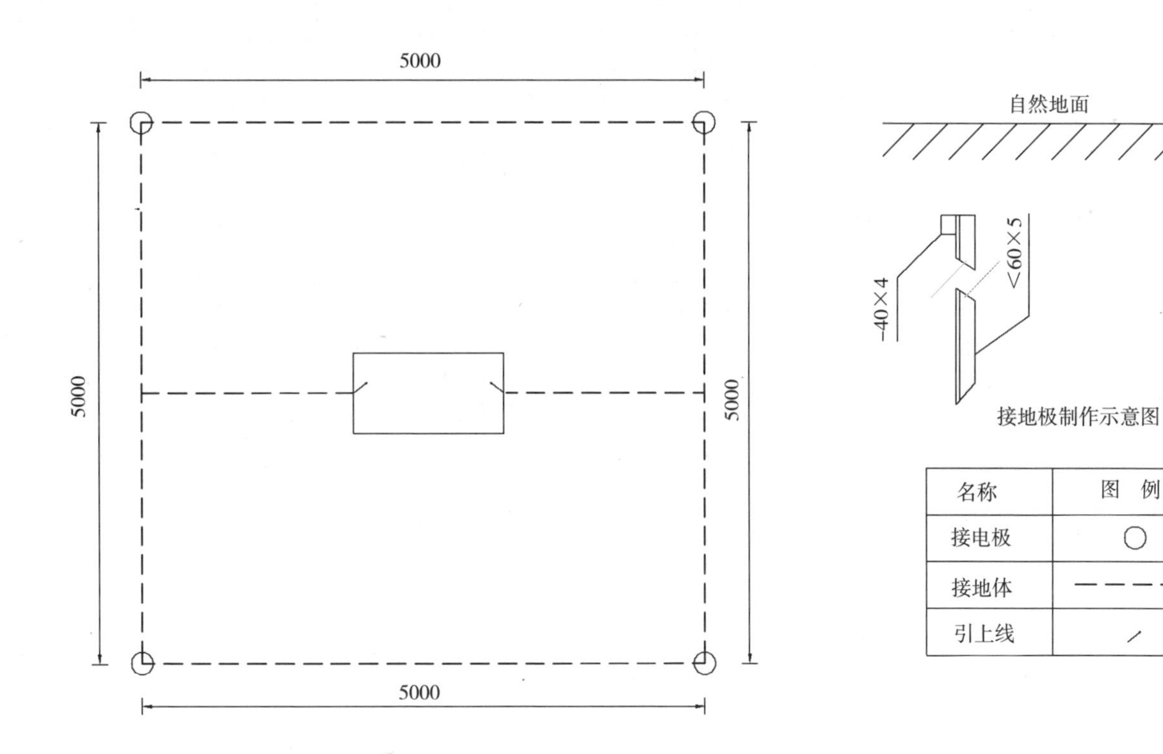

名称	图　例
接电极	○
接地体	— — — —
引上线	⟋

图 3-7　0.4kV电缆分支箱 DF-1 接地装置图

说明：1. 本套图纸适用于 TN-C-S 接地系统；地网总接地电阻应不大于 4Ω，如实测达不到时，应补打接地级；接地级和接地带埋深不小于 0.6m，接地级之间距离应大于 5m；接地网角钢与扁钢及扁钢与扁钢均应可靠焊接，并刷防锈漆两遍；

2. 如接地网主干线与建筑物基础相碰时，主干线可适当移位或绕开，严禁将地网主干线断开；

3. 接地体采用热镀锌材料。

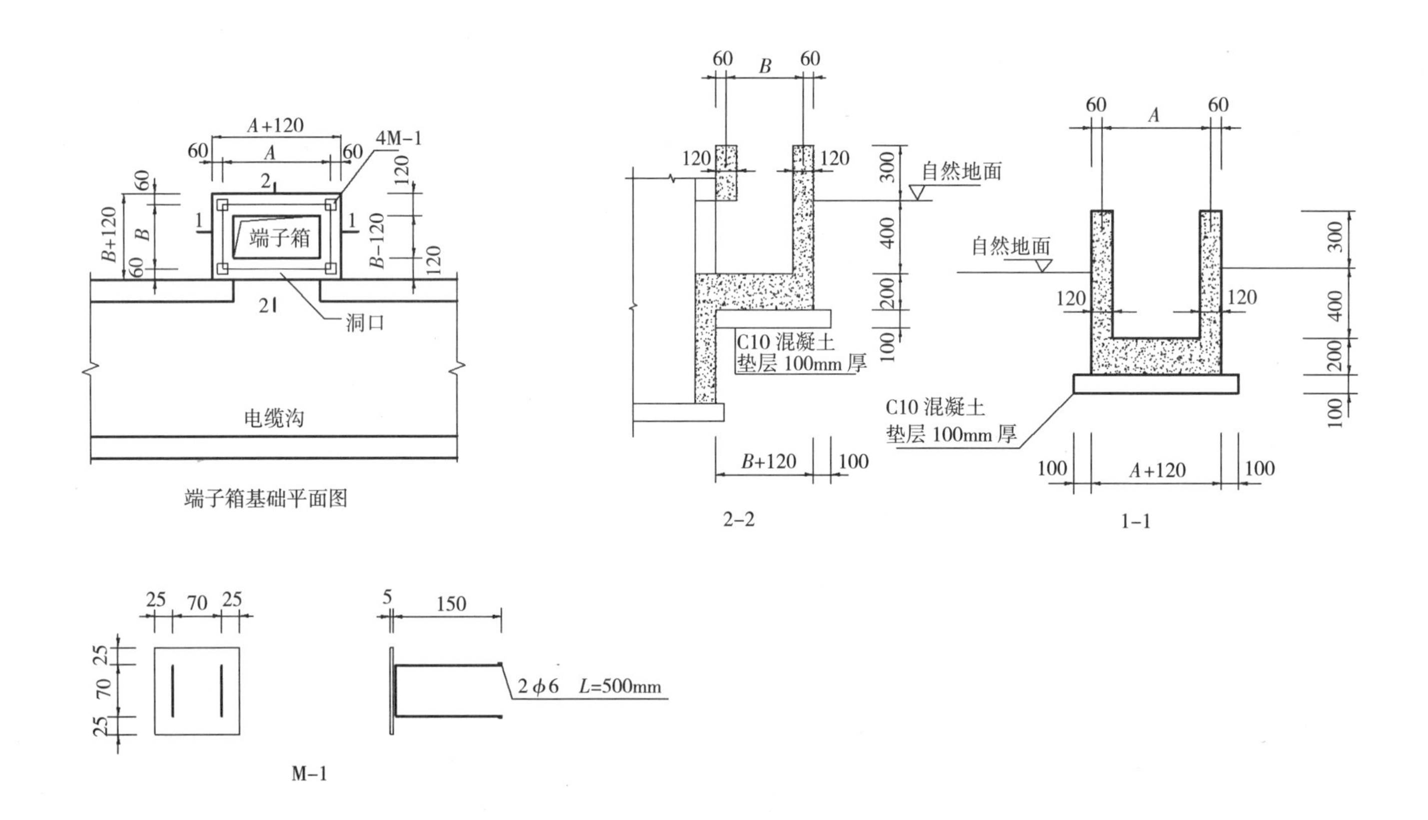

图 3-8 0.4kV电缆分支箱 DF-1 土建条件图

说明：1. 混凝土构件采用 C25 混凝土；

2. 设备基础坐落在持力层上，按照 f_{ak}=150kPa，进行设计。

第四章　农网架空配电线路

4.1　概述

4.1.1　特点

设备材料简单，成本低；容易发现故障，维修方便；容易受到外界环境的影响，供电可靠性差。

4.1.2　分类

农网架空配电线路分为高压 10kV 架空配电线路和低压 380V/220V 架空配电线路。

4.1.3　组成

农网架空配电线路由导线、杆塔、横担、绝缘子、金具、拉线等组成。

4.1.4　施工说明

架空配电线路整体设计原则“一杆多头、一杆多用”。设计施工时要注意：

1. 配电线路路径应尽量接近直线，走近路、走直路，避免曲折迂回，并力求转角少。

2. 应尽量减少交叉跨越，避免与铁路、公路、通讯线路等交叉，应避开易燃易爆地带；若必须交叉跨越时要与有关部门联系，取得协议，并注意安全距离。

3. 尽量靠近道路，施工和运行维护方便，但不要影响生产、交通。

4. 地势越平坦越好，要避开洼地、冲刷地带，避开果树林、防护林等地方。

5. 尽量少占农田、良田。

4.2　电杆及杆型

4.2.1　分类和作用

1. 分类

电杆是架空配电线路的重要组成部分，是用来安装横担、绝缘子和架设导线的。

按杆高有：9m、11m、13m 和 15m。

按材质有：木杆、钢筋混凝土杆、金属杆；普遍应用的是钢筋混凝土杆。

按作用有：直线杆 Z、耐张杆 N、转角杆 J、终端杆 D、分支杆 F、跨越杆 K 和接户杆 / 进户杆。

2. 作用

（1）直线杆 Z：又称中间杆或过线杆。用在线路的直线部分，主要承受导线重量和侧面风力，杆顶结构较简单，一般不装拉线。在架空配电线路中，约 80%为直线杆。

（2）耐张杆 N：为限制倒杆或断线的事故范围，需把线路的直线部分划分为若干耐张段，在耐张段的两侧安装耐张杆。耐张杆除承受导线质量和侧面风力外，还要承受邻档导线拉力差所引起的沿线路方面的拉力。为平衡此拉力，通常在其前后方各装一根拉线。

（3）转角杆 J：位于线路需要改变方向的地方，转角杆的结构根据转角的大小而定：15° 以内，可仍用原横担承担转角合力；15°～30° 时，可用两根横担，在转角合力的反方向装一根拉线；30°～45° 时，除用双横担外，两侧导线应用跳线连接，在导线拉力反方向各装一根拉线；转角在 45°～90° 时，用两对横担构成双层，两侧导线用跳线连接，同时在导线拉力反方向各装一根拉线。

(4) 终端杆 D：位于线路的起点和终点的电杆。承受导线的单方向拉力，为平衡此拉力，需在导线的反方向装拉线。其杆顶结构和耐张杆相似，只是拉线有所不同，一般采用双杆、双横担，或采用三杆、一杆一相，有时采用铁塔。

(5) 分支杆 F：分支杆位于分支线与干线相连处，有直线分支杆和转角分支杆。在主干线路方向上多为直线杆和耐张杆，尽量避免在转角杆上分支。在分支线路上，相当于终端杆，能够承受分支线路的全部拉力。

(6) 跨越杆 K：用作跨越公路、铁路、河流、架空管道、电力线路、通信线路等的电杆。施工时，必须满足规范规定的交叉跨越要求。

(7) 接户杆 / 进户杆：高压线路的终端杆，电源引入、引出的杆塔。

4.2.2　常用杆型示意图

1. 10kV架空线路常用杆型示意图

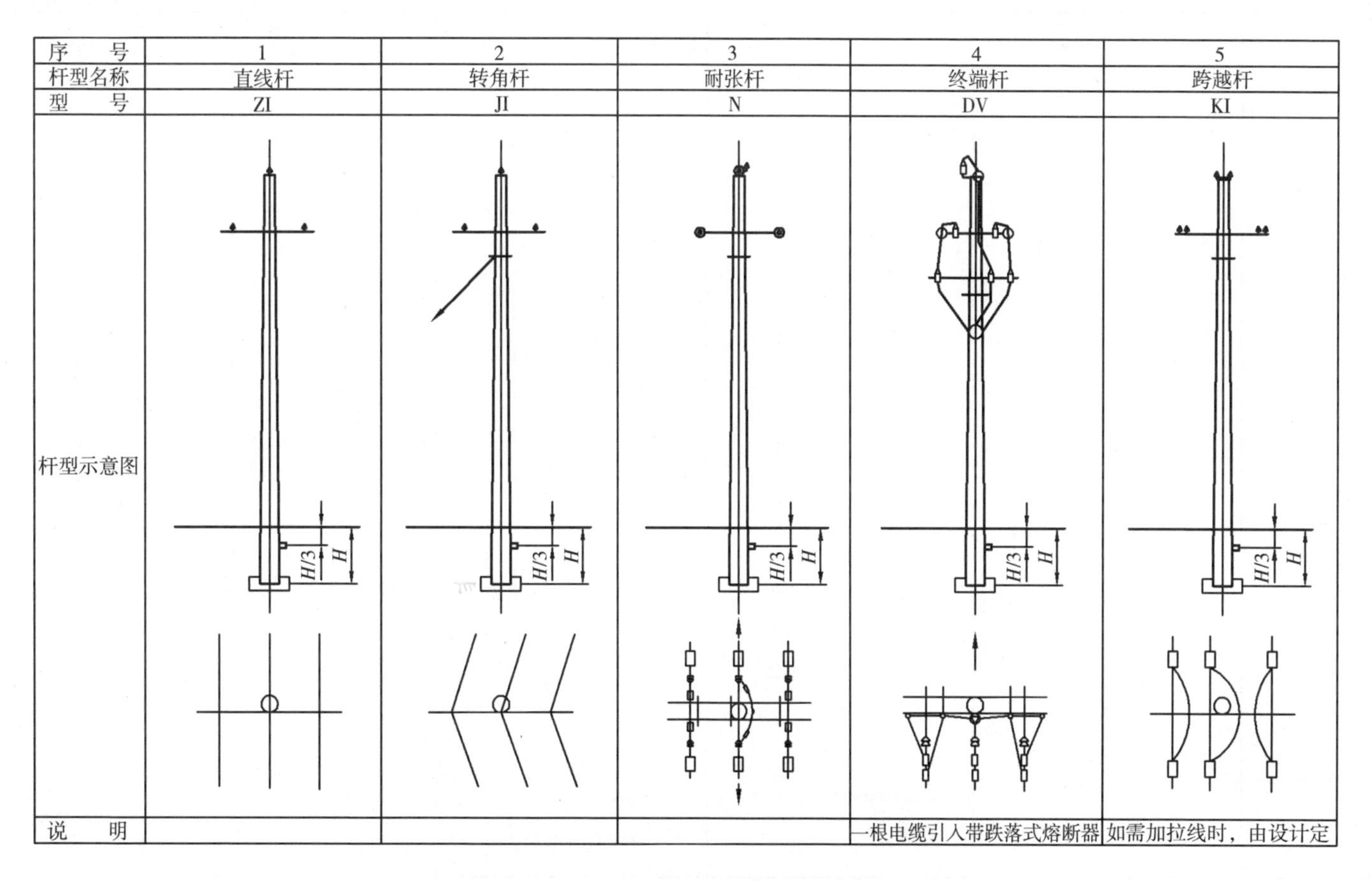

序　　号	1	2	3	4	5
杆型名称	直线杆	转角杆	耐张杆	终端杆	跨越杆
型　　号	ZI	JI	N	DV	KI
杆型示意图	H/3　H	H/3　H	H/3　H	H/3　H	H/3　H
说　　明				一根电缆引入带跌落式熔断器	如需加拉线时，由设计定

图 4-1　10kV 架空线路常用杆型示意图

2. 380V/220V 架空线路常用杆型示意图

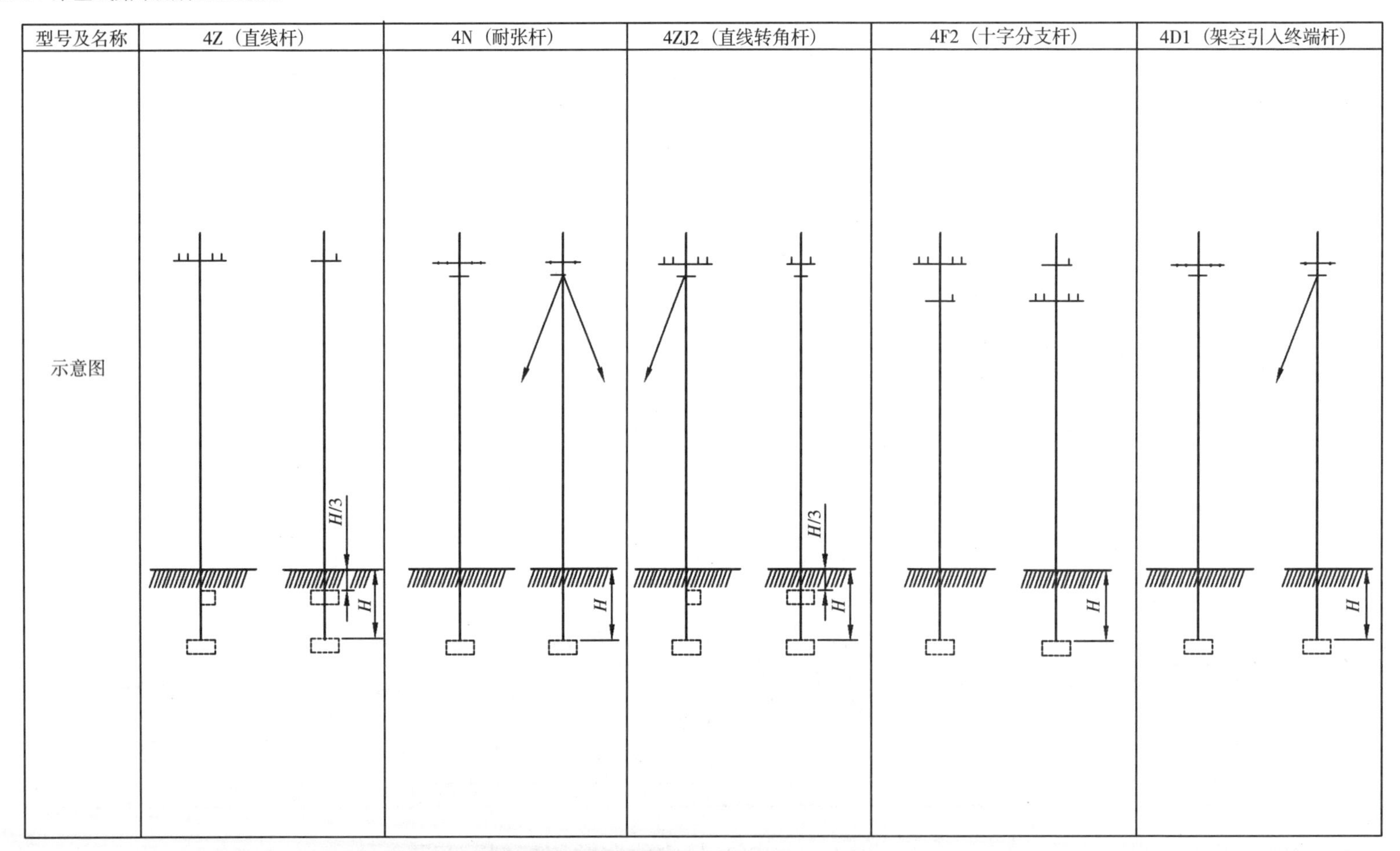

图 4-2　380V/220V 裸导线架空配电线路常用杆型示意图

杆型名称	直线杆	耐张杆	直线转角杆	十字分支杆	架空引入终端杆
型　号	2Z	2N	2ZJ2	2F2	2D1
杆型示意图	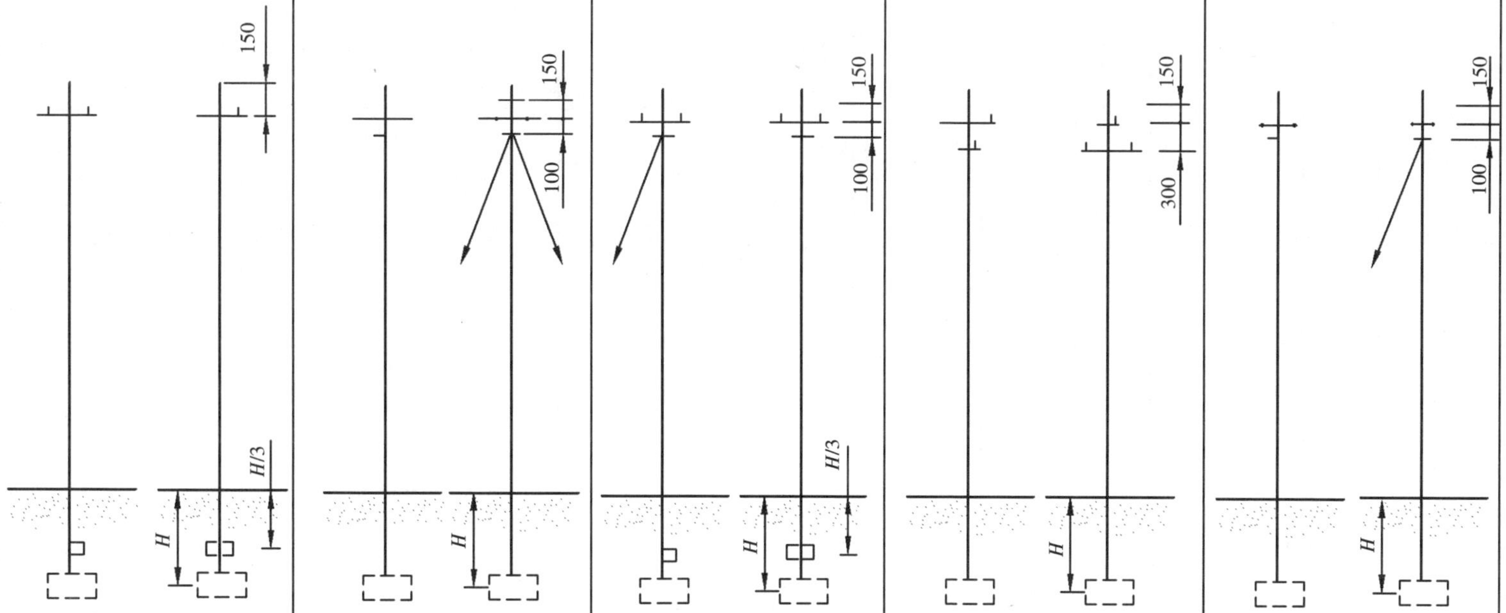 150 H/3 H	150 100 H	150 100 H/3 H	150 300 H	150 100 H

图 4-3　380V/220V 绝缘导线架空配电线路二线单元杆型示意图

杆型名称	直线杆	耐张杆	双针直线转角杆	十字分支杆	架空引入终端杆
型　号	4Z	4N	4ZJ2	4F2	4D1
杆型示意图	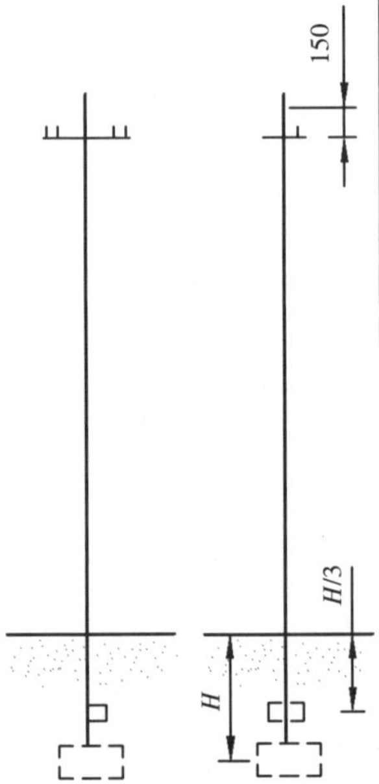 150 H/3 H	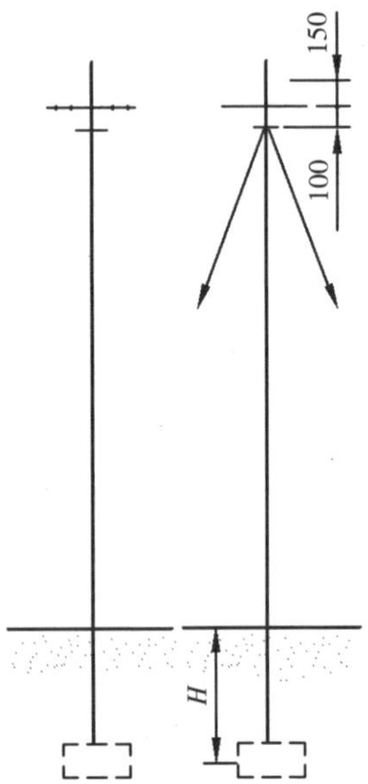 150 100 H	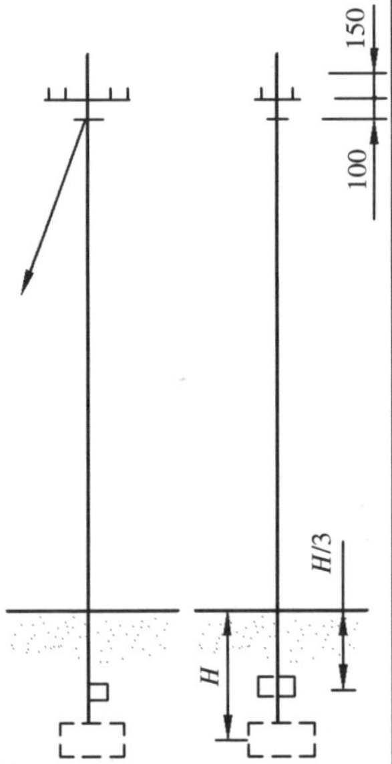 150 100 H/3 H	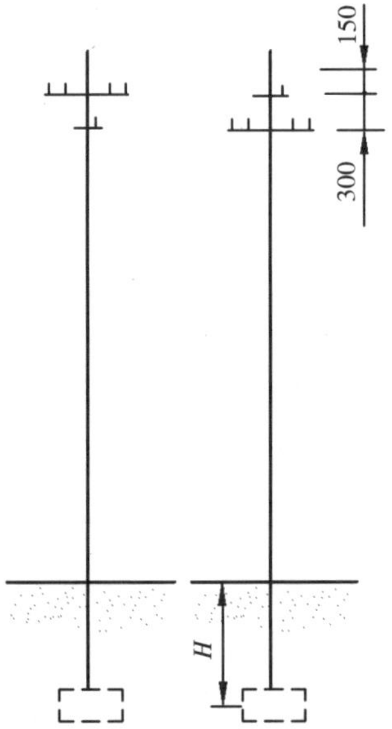 150 300 H	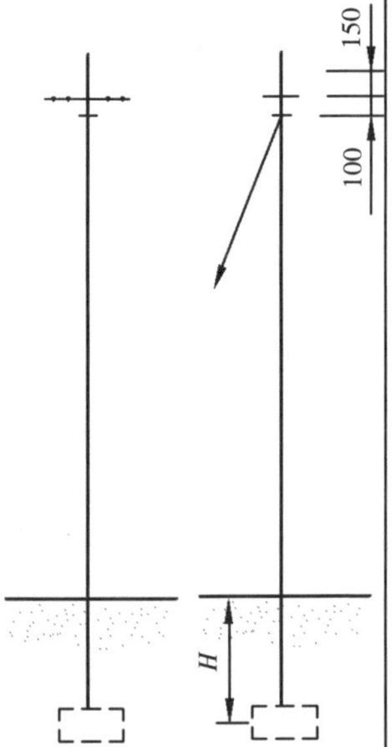 150 100 H

图 4-4　380V/220V 绝缘导线架空配电线路四线单元杆型示意图

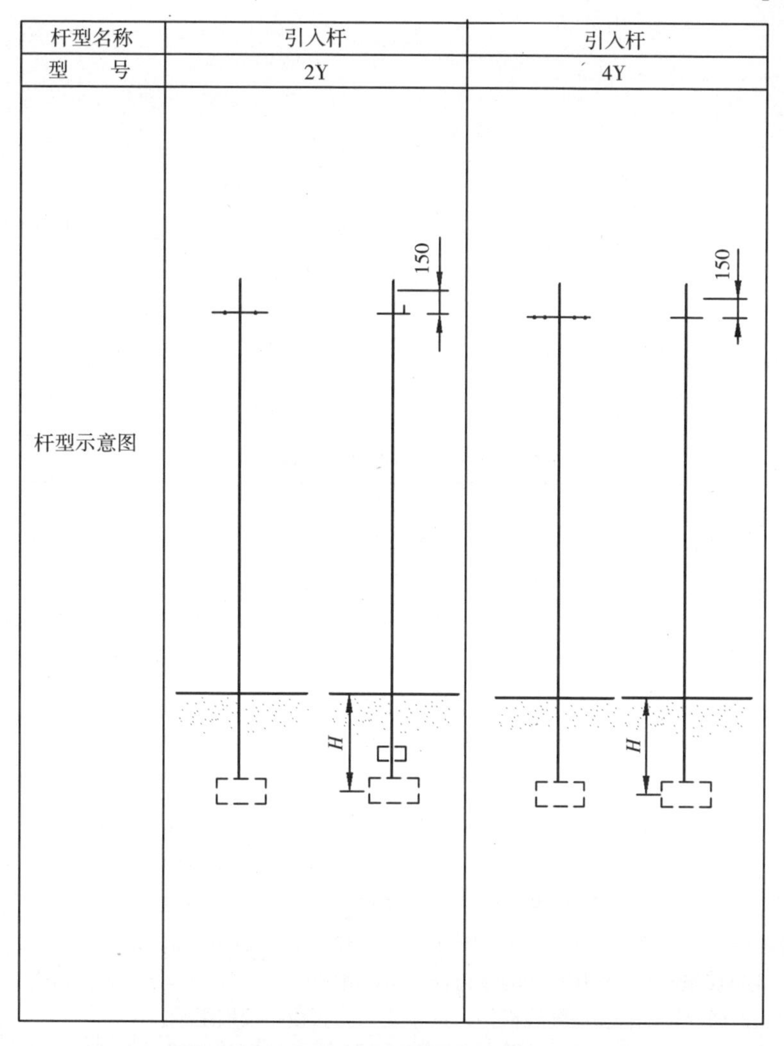

图 4-5　380V/220V 绝缘导线架空配电线路引入线单元杆型示意图

4.3 杆头布置

4.3.1 杆头布置说明

1. 导线排列

以共杆架设回路数可分为：单回、双回共杆、三回共杆和四回共杆架设。

排列形式可分为：水平、垂直、三角形。

2. 导线线间距离

依据 DL/T 5220—2005《10kV及以下架空配电线路设计技术规程》和 DL/T 601—1996《架空绝缘配电线路设计技术规程》的有关规定，配电线路导线的线间距离，应结合地区运行经验确定。如无可靠资料，导线的线间距离不应小于表 4–1 所列数值。

表 4–1　　配电线路导线最小线间距离　　（单位：m）

线路电压 \ 档距	40m 及以下	50m	60m	70m	80m	90m	100m
1～10kV	0.6(0.4)	0.65(0.5)	0.7	0.75	0.85	0.9	1.0
1kV 及以下	0.3(0.3)	0.4(0.4)	0.45	—	—	—	—

注：（）内为绝缘导线数值。1kV 以下配电线路靠近电杆两侧导线间水平距离不应小于 0.5m。

3. 横担

(1) 横担形式

农网 10kV主（分支）线路：对于单回路导线标称截面 120mm² 及以下的直线杆采用单层横担结构；对于重要的交叉跨越杆、直线转角杆及导线标称截面 150mm² 及以上直线杆采用双层横担（2 套直线单层横担）。小于 45° 的转角杆用单层横担，大于 45° 的转角杆用双层横担。二回及以上杆型的导线横担，只考虑标称截面 240mm² 的导线，其横担采用双层横担。

低压线路：①导线截面 120mm² 及以下、转角在 15° 及以上或导线截面 150mm² 及以上、转角在 8° 及以上应采用耐张杆。②线路 45° 以下转角，应采用单层横担布置方式；线路 45° 及以上转角，应采用双层横担布置方式。

(2) 横担规格的确定原则

本着安全、经济、方便加工和施工的原则，直线横担按档距和导线型号分类，耐张横担按档距予以分类。

4.3.2　10kV 架空线路杆头类型

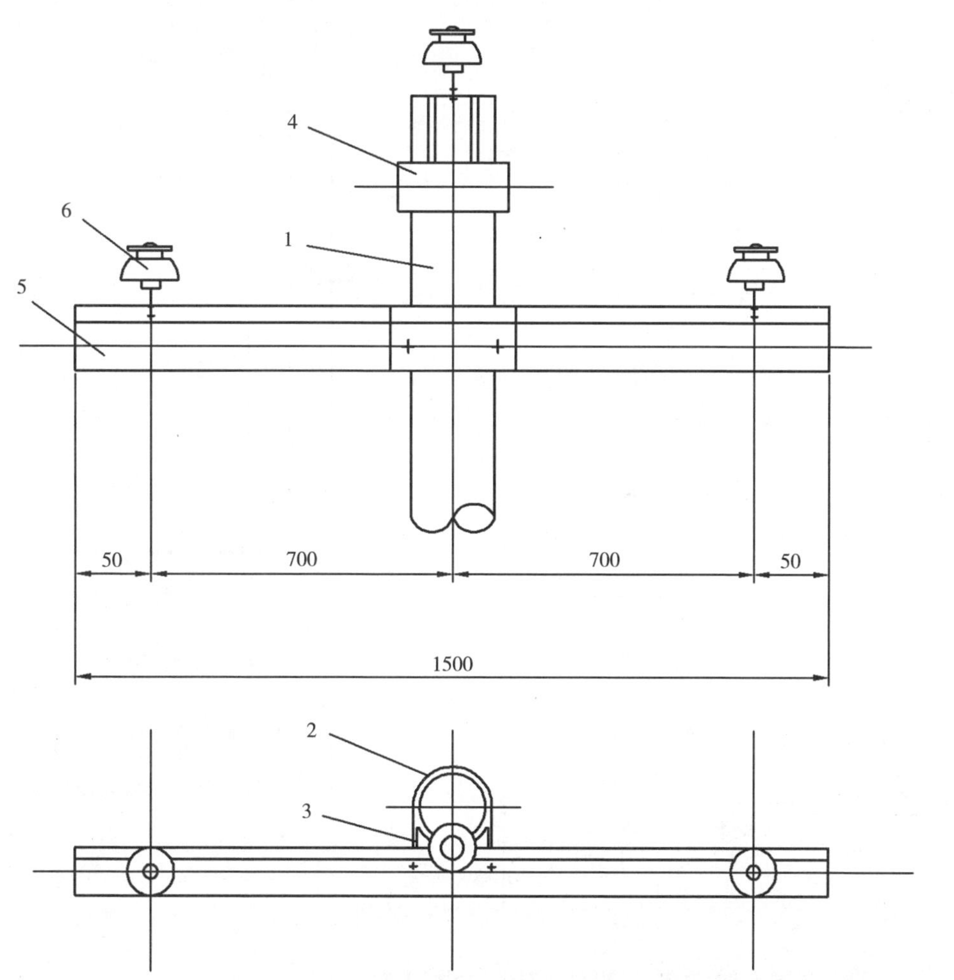

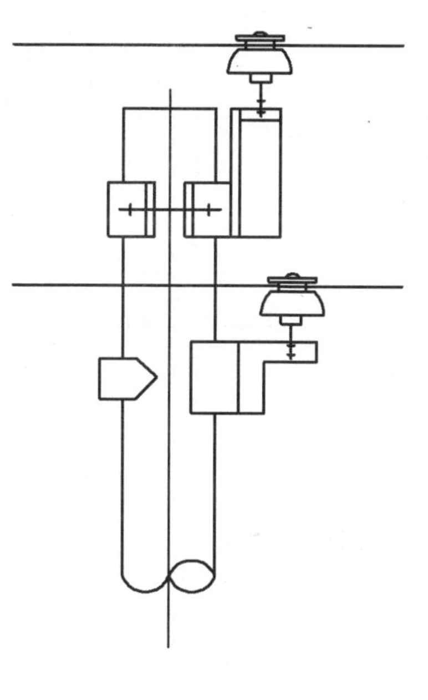

序号	名　称	单位	数量
1	电　杆	根	1
2	U 形包箍	副	1
3	M 形抱铁	个	1
4	杆顶支架抱箍	副	1
5	横　担	根	1
6	针式绝缘子	个	3

图 4-6　10kV 裸铝绞线架空配电线路直线杆

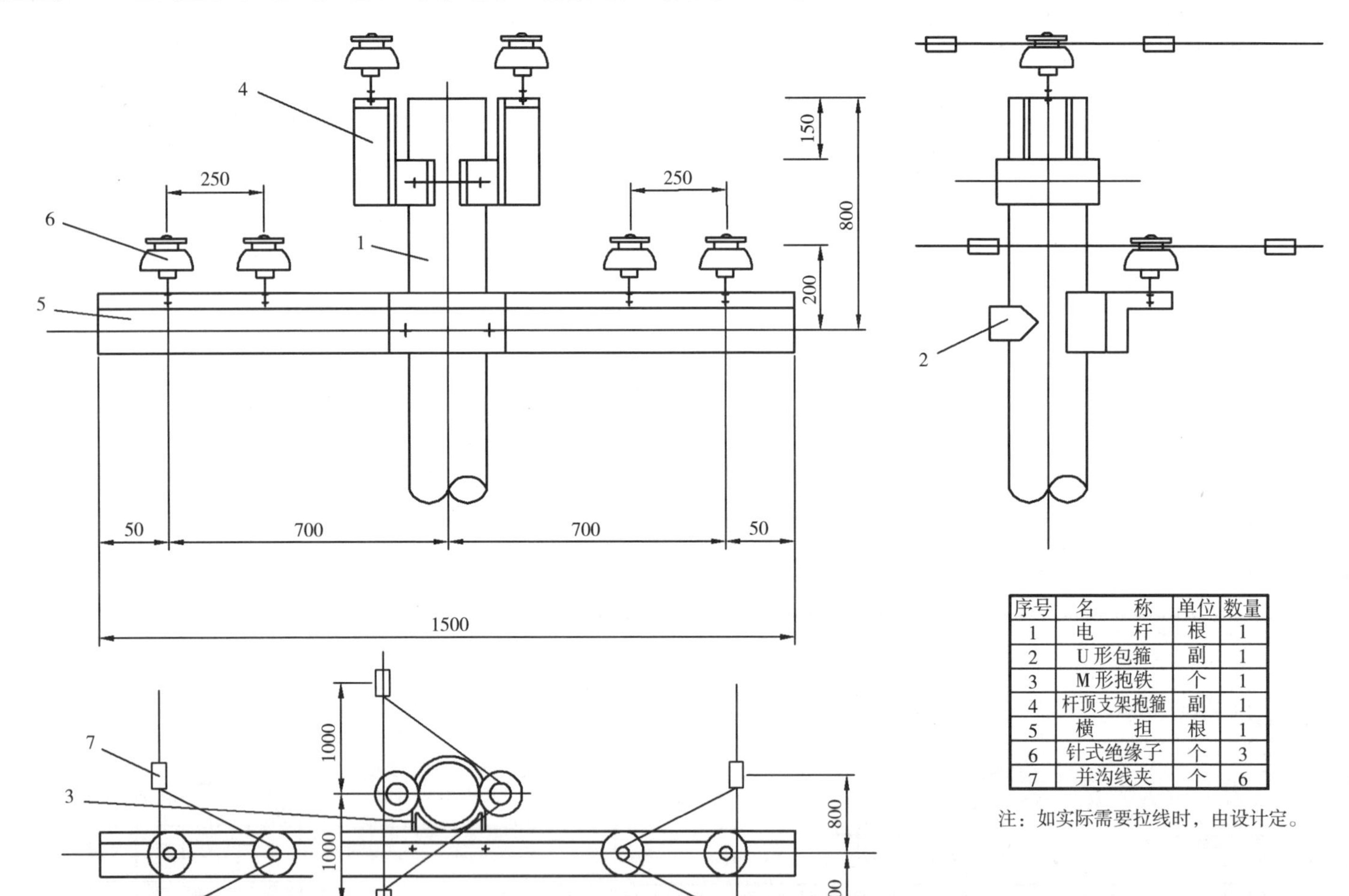

序号	名　　称	单位	数量
1	电　　杆	根	1
2	U形包箍	副	1
3	M形抱铁	个	1
4	杆顶支架抱箍	副	1
5	横　　担	根	1
6	针式绝缘子	个	3
7	并沟线夹	个	6

注：如实际需要拉线时，由设计定。

图 4-7　10kV 裸铝绞线架空配电线路双固定直线跨越杆

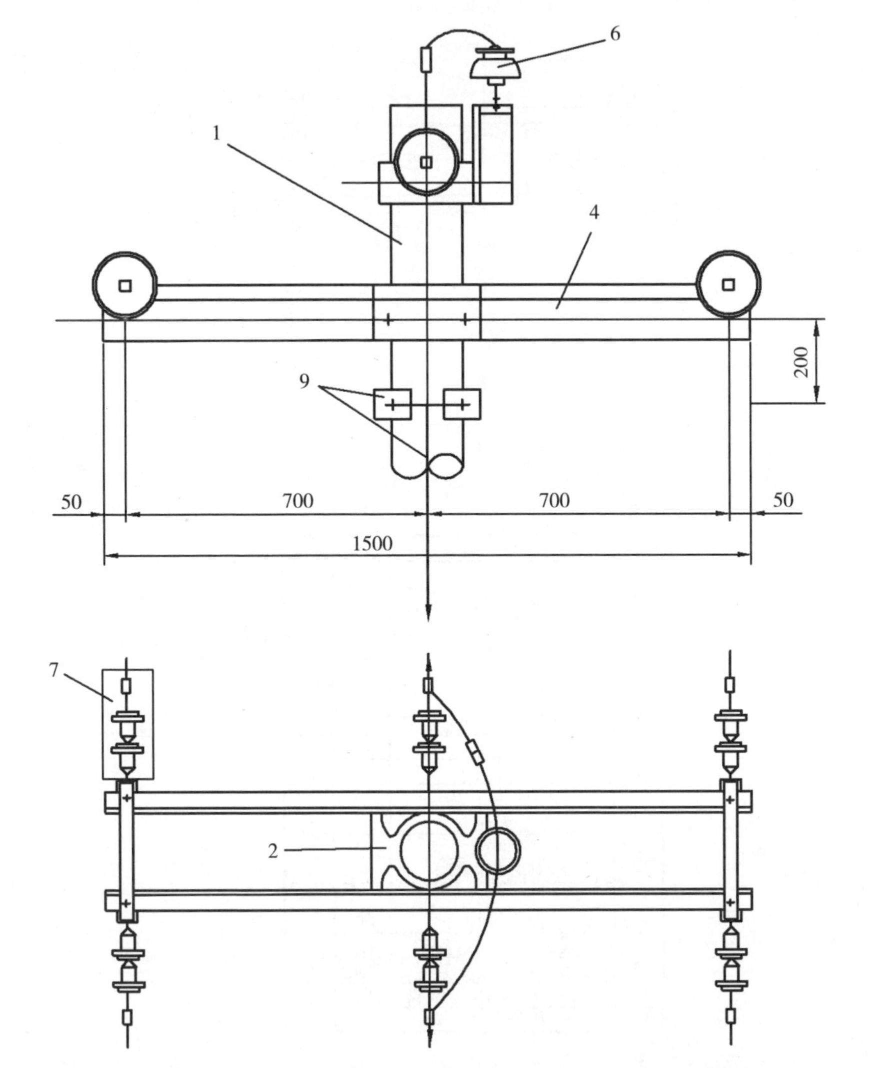

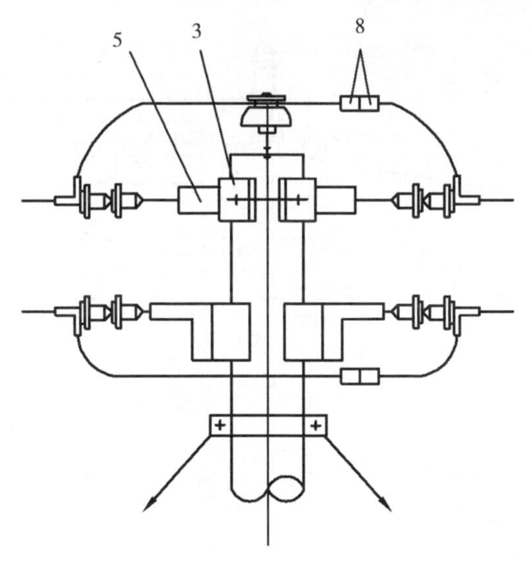

序号	名　　称	单位	数量
1	电　　杆	根	1
2	M 形抱铁	个	2
3	杆顶支架抱箍	副	1
4	横　　担	副	1
5	拉　　板	块	2
6	针式绝缘子	个	1
7	耐张绝缘子串	串	6
8	并沟线夹	个	6
9	拉　　线	组	2

注：本图可兼作 45° 以下转角使用。

图 4-8　10kV 裸铝绞线架空配电线路耐张杆

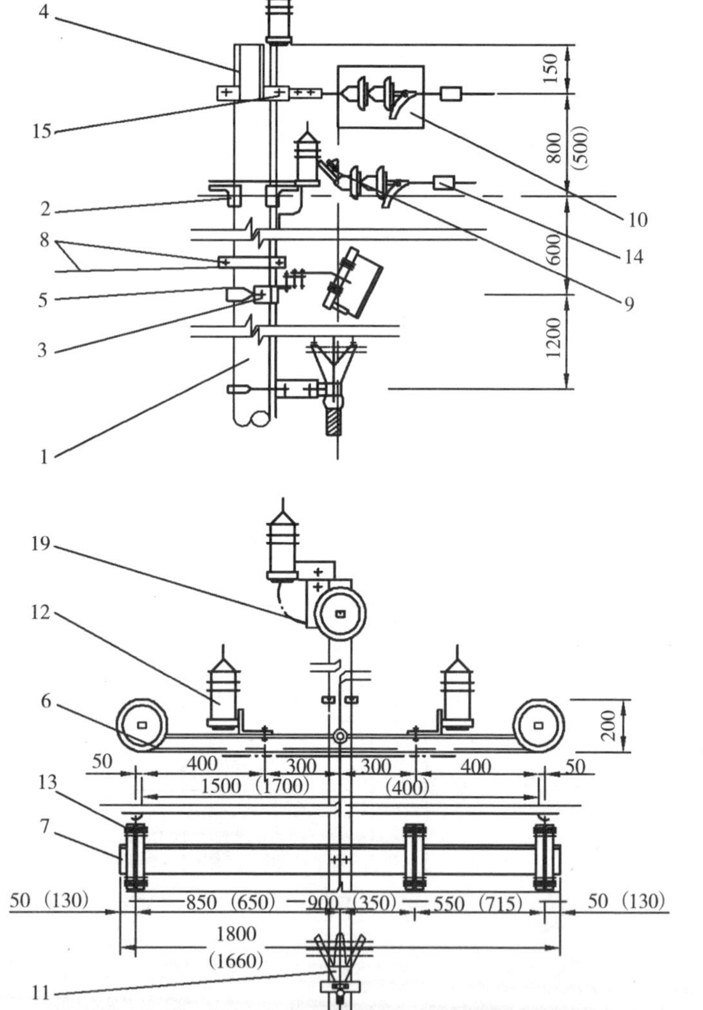

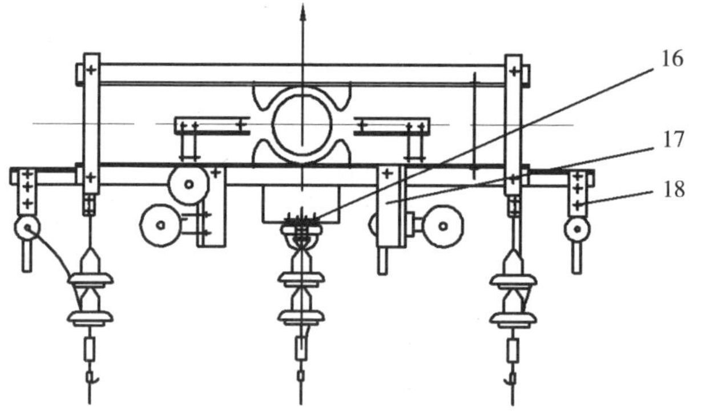

序号	名　称	单位	数量
1	电　杆	根	1
2	M形抱铁	个	2
3	M形抱铁	个	1
4	杆顶支座抱箍	副	1
5	U形抱箍	副	1
6	横　担	副	1
7	跌开式熔断器固定横担	根	1
8	拉　线	组	1
9	针式绝缘子	个	2
10	耐张绝缘子串	串	3
11	电缆终端盒	组	1
12	避雷器	个	3
13	跌开式熔断器	个	3
14	并沟线夹	个	3
15	拉　板	块	1
16	针式绝缘子固定支架	副	1
17	避雷器固定支架	副	3
18	跌开式熔断器固定支架	副	3
19	接地装置	处	1

图 4-9　10kV 裸铝绞线架空配电线路有电缆终端的终端杆

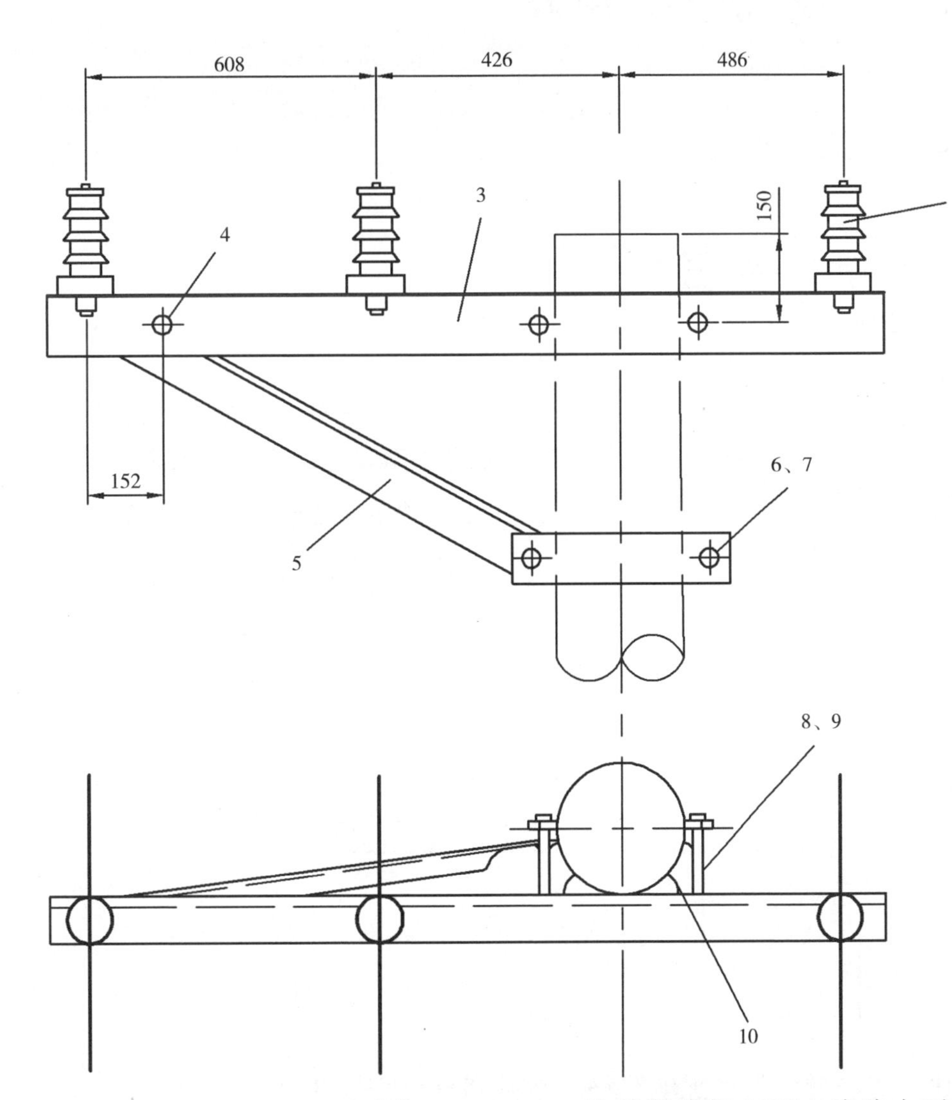

编号	规格名称	单位	数量
1	PS-15/2.5 棒形针式绝缘子	只	3
2	耐气候型绝缘扎线	卷	3
3	*L*=1600mm 角钢四路横担	根	1
4	M16×35 单帽螺栓	只	1
5	*L*=1170mm 角钢斜撑	根	1
6	ϕ190mm 抱箍	副	1.5
7	M16×75 单帽螺栓	只	2
8	M16×180 单帽螺栓	只	2
9	B16 圆垫圈	个	2
10	ϕ190mm 圆杆托架	块	1

图 4-10　10kV 绝缘导线架空配电线路水平排列直线杆

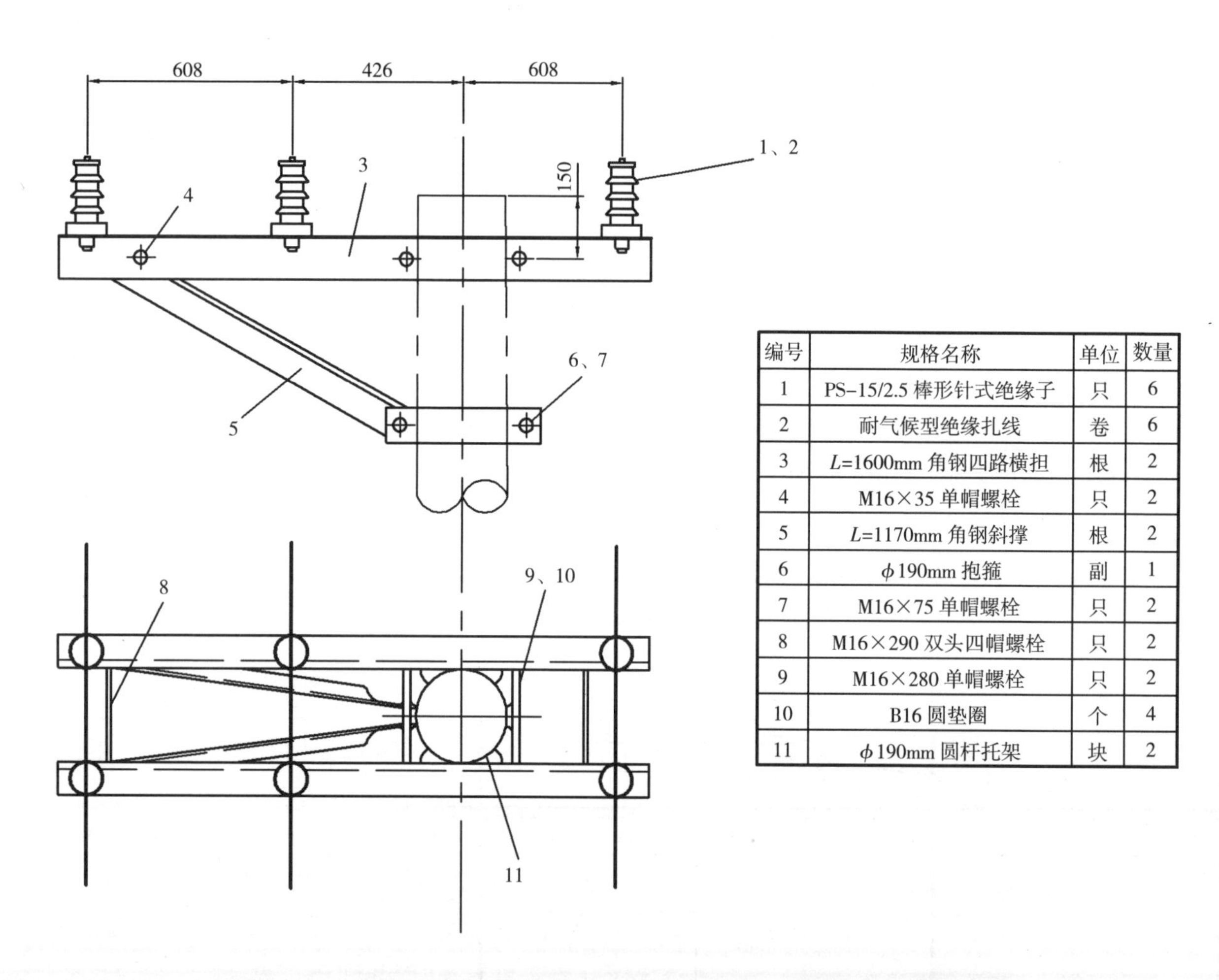

编号	规格名称	单位	数量
1	PS-15/2.5 棒形针式绝缘子	只	6
2	耐气候型绝缘扎线	卷	6
3	*L*=1600mm 角钢四路横担	根	2
4	M16×35 单帽螺栓	只	2
5	*L*=1170mm 角钢斜撑	根	2
6	ϕ190mm 抱箍	副	1
7	M16×75 单帽螺栓	只	2
8	M16×290 双头四帽螺栓	只	2
9	M16×280 单帽螺栓	只	2
10	B16 圆垫圈	个	4
11	ϕ190mm 圆杆托架	块	2

图 4-11　10kV 绝缘导线架空配电线路水平排列直线跨越杆

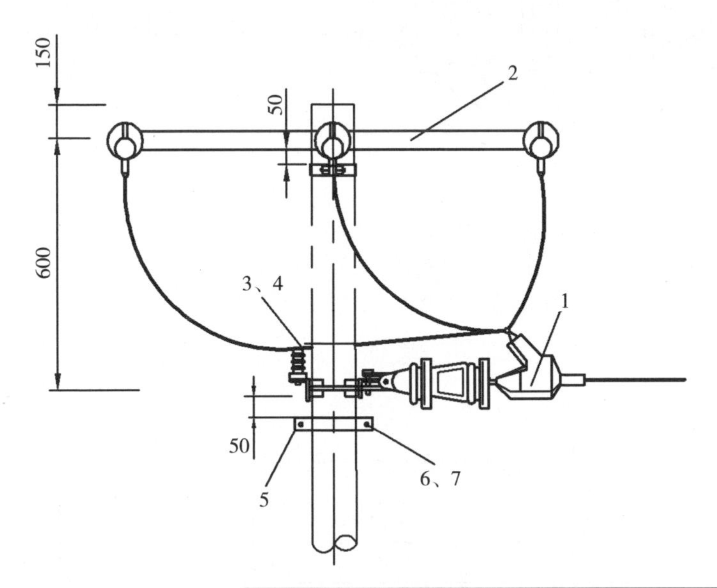

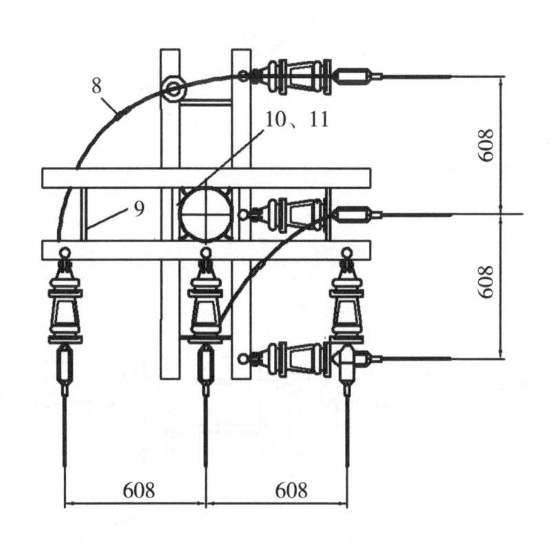

编号	规格名称	单位	数量	编号	规格名称	单位	数量
1	10kV 绝缘导线耐张串装置	串	6	7	M16×75 单帽螺栓	只	4
2	L=1600 mm 角钢四路横担（连托架）	根	4	8	M16×290 双头四帽螺栓	只	4
3	PS-15/2.5 棒形针式绝缘子	只	3	9	10kV 绝缘导线接续装置	套	3
4	耐气候型绝缘扎线（2m/ 卷）	卷	3	10	M16×280 单帽螺栓	只	4
5	GJ-35 拉线装置	套	2	11	B16 圆垫圈	个	8
6	ϕ190mm 抱箍	副	2				

图 4-12　10kV绝缘导线架空配电线路 30°～90° 转角杆（顺向）

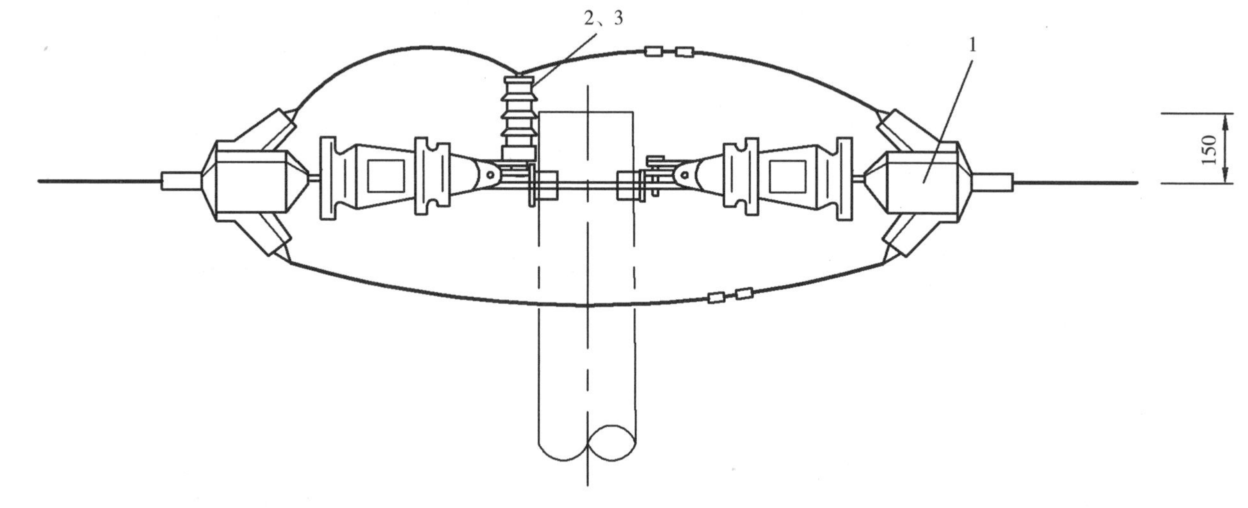

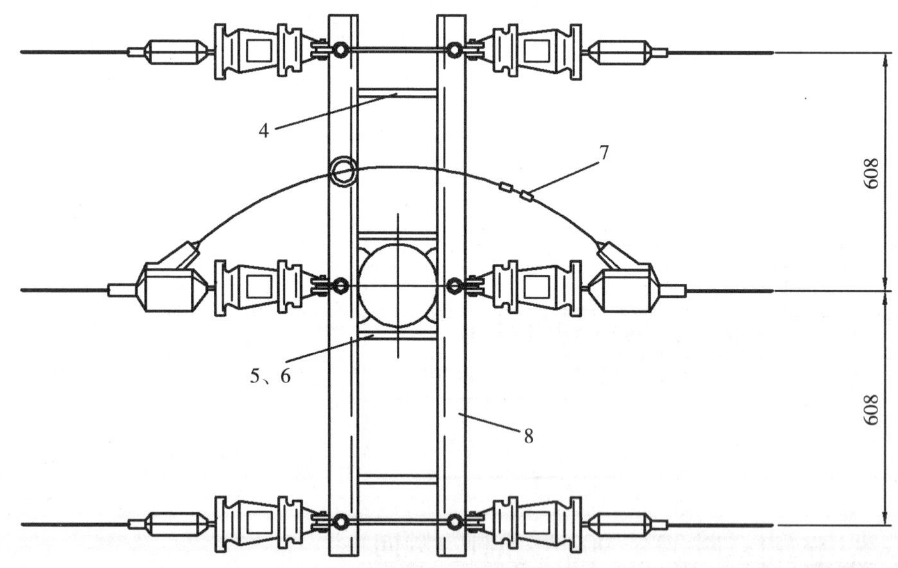

编号	规格名称	单位	数量
1	10kV 绝缘导线耐张串装置	串	6
2	PS-15/2.5 棒形针式绝缘子	只	1
3	耐气候型绝缘扎线	卷	1
4	M16×290 双头四帽螺栓	只	2
5	M16×280 单帽螺栓	只	2
6	B16 圆垫圈	个	4
7	10kV 绝缘导线接续装置	套	3
8	L=1296mm 角钢四路横担（连托架）	根	2

图 4-13　10kV 绝缘导线架空配电线路直线分段耐张杆

4.3.3 低压架空线路杆头类型

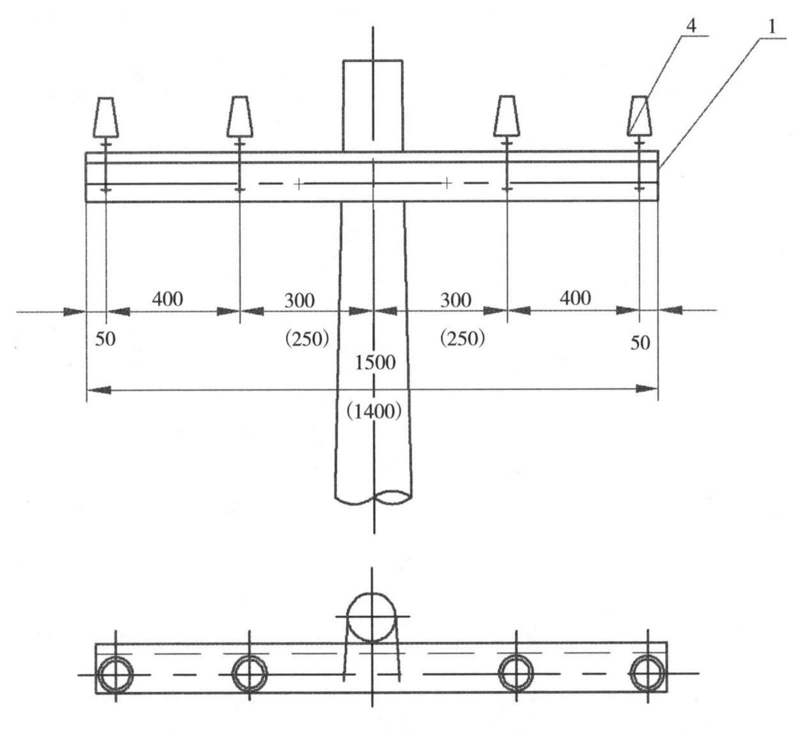

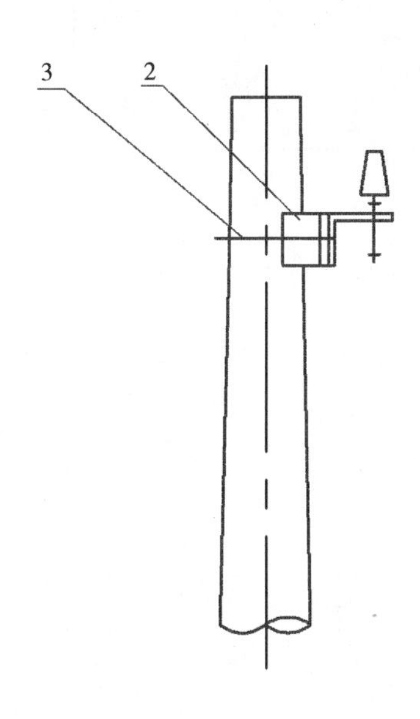

序号	名　　称	规　　格	单位	数量
1	横担		副	1
2	M 形抱铁		个	1
3	U 形抱箍		副	1
4	针式绝缘子	PD-1T	个	4

图 4-14　1kV 以下裸导线架空配电线路 4Z 直线杆

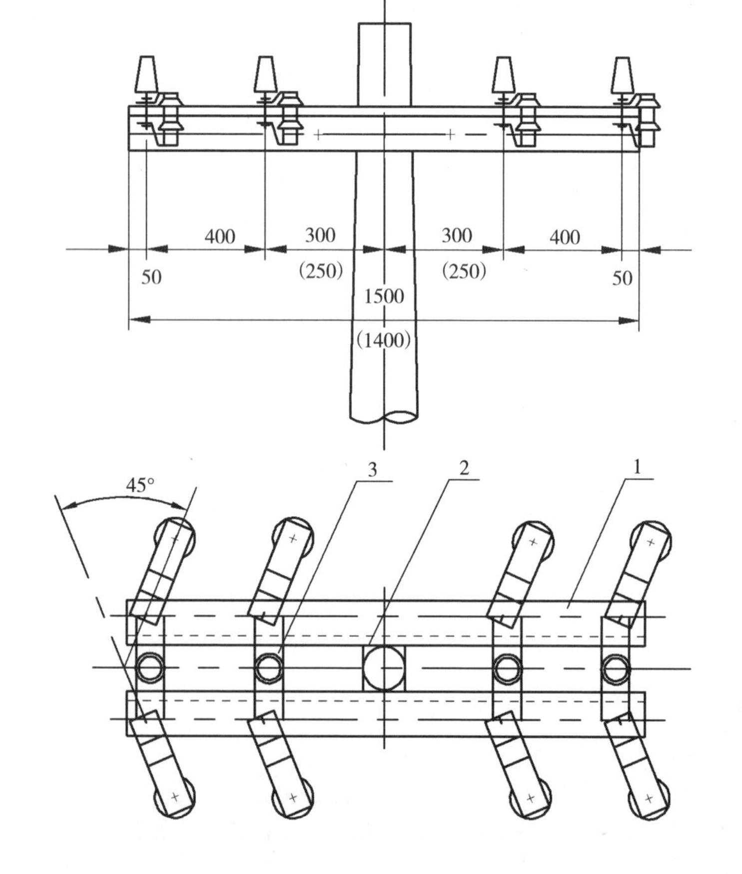

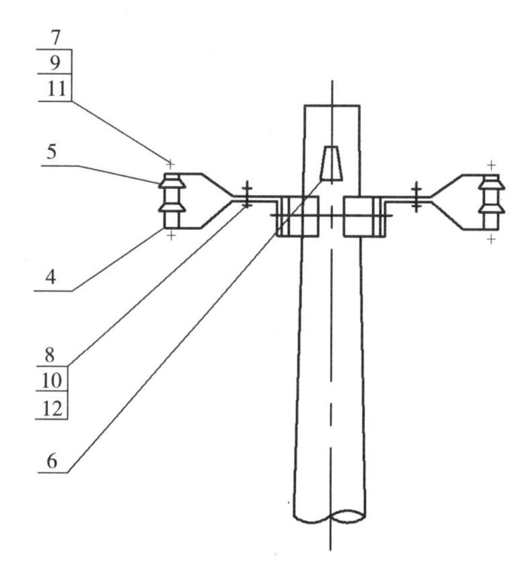

注：本图适用于 45° 及以下转角。

序号	名　　称	规　　格	单位	数量
1	横担		副	1
2	M 形抱铁		个	2
3	铁连板		块	4
4	铁拉板	-40mm×4mm×270mm	块	16
5	蝴蝶式绝缘子	ED	个	8
6	针式绝缘子	PD-1T	个	4
7	六角螺栓	M16×130	个	8
8	六角螺栓	M16×50	个	8
9	六角螺母	M16	个	8
10	六角螺母	M12	个	8
11	垫圈	16	个	16
12	垫圈	12	个	16

图 4-15　1kV 以下裸导线架空配电线路 4J2 转角杆

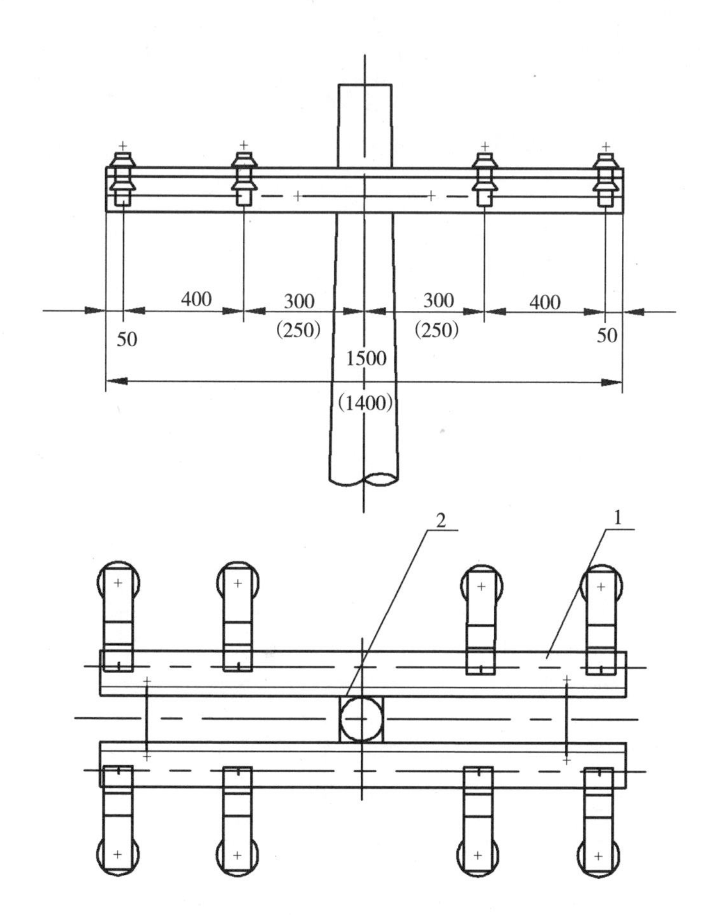

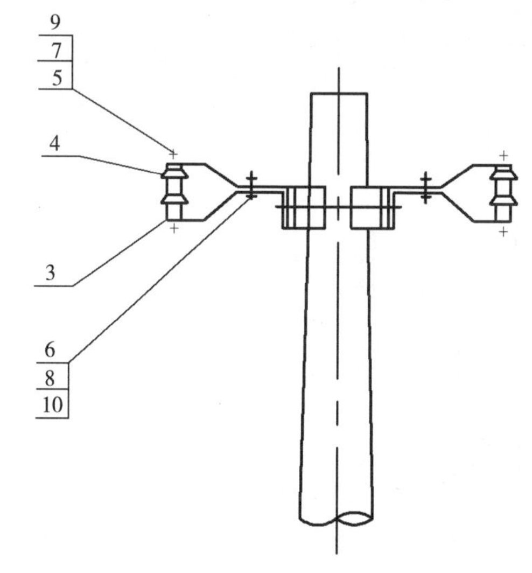

序号	名　称	规　格	单位	数量
1	横担		副	1
2	M 形抱铁		个	2
3	铁拉板	-40mm×4mm×270mm	块	16
4	蝴蝶式绝缘子	ED	个	8
5	六角螺栓	M16×130	个	8
6	六角螺栓	M16×50	个	8
7	六角螺母	M16	个	8
8	六角螺母	M12	个	8
9	垫圈	16	个	16
10	垫圈	12	个	16

图 4-16　1kV 裸导线架空配电线路 4N 耐张杆

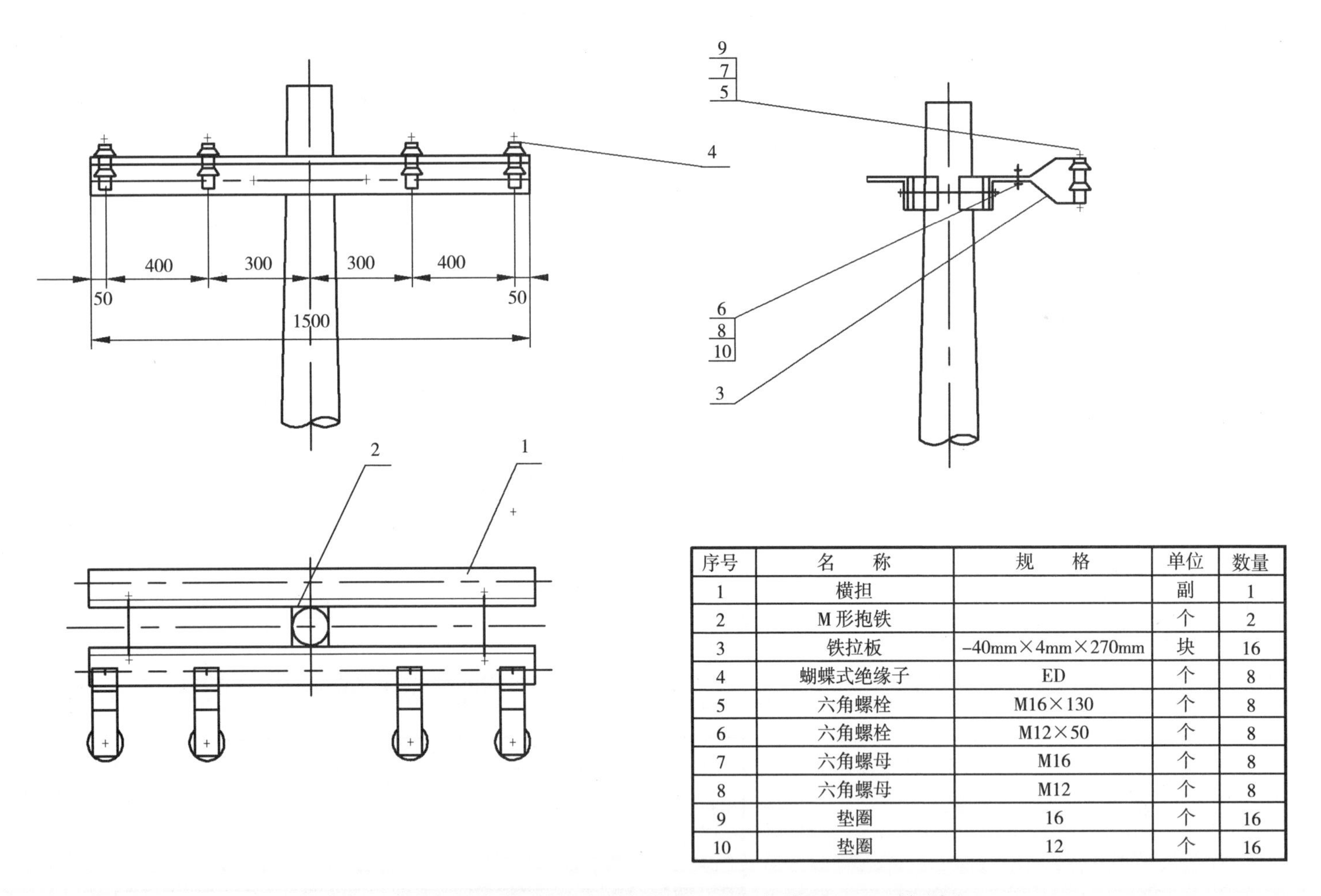

序号	名　称	规　格	单位	数量
1	横担		副	1
2	M形抱铁		个	2
3	铁拉板	−40mm×4mm×270mm	块	16
4	蝴蝶式绝缘子	ED	个	8
5	六角螺栓	M16×130	个	8
6	六角螺栓	M12×50	个	8
7	六角螺母	M16	个	8
8	六角螺母	M12	个	8
9	垫圈	16	个	16
10	垫圈	12	个	16

图 4-17　1kV 裸导线架空配电线路 4D1 终端杆

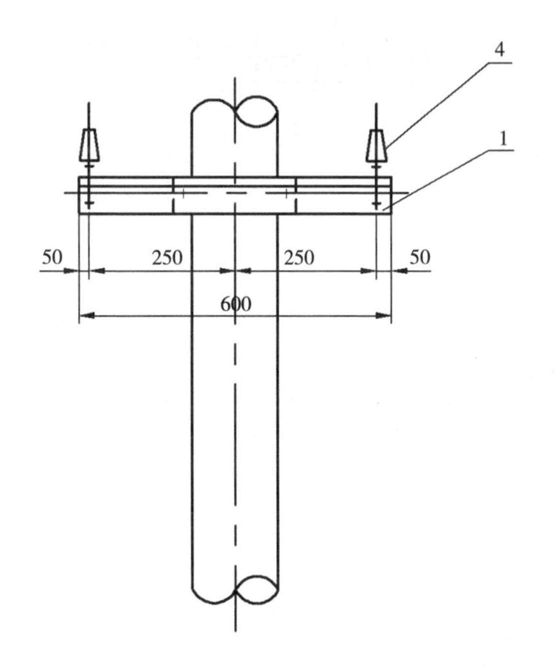

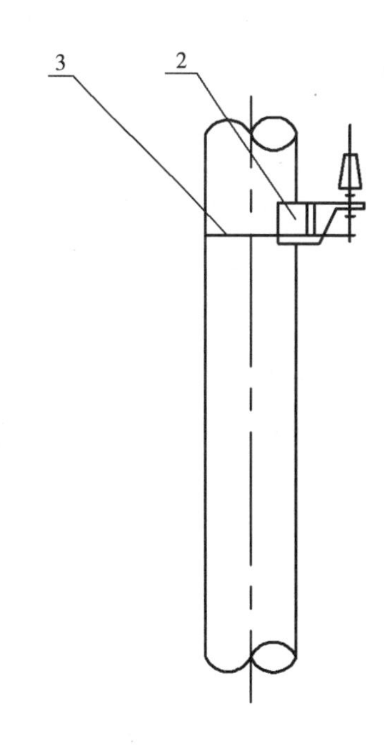

序号	名 称	规　　格	单位	数量
1	横担		副	1
2	M 形抱铁		个	1
3	U 形抱箍		副	1
4	针式绝缘子	PD–1T	个	2

图 4–18　1kV 以下绝缘导线架空配电线路 2Z 直线杆

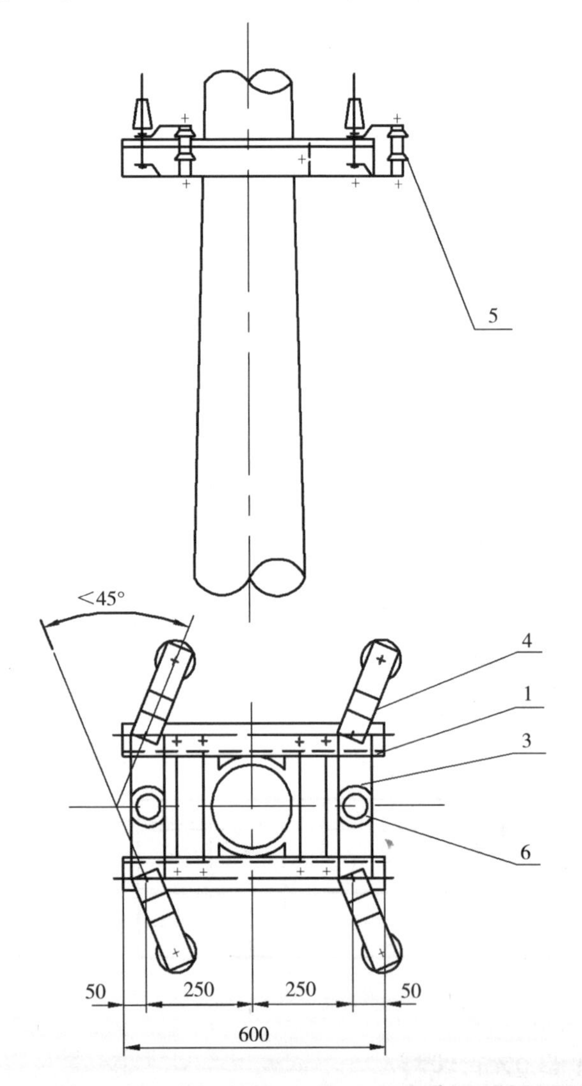

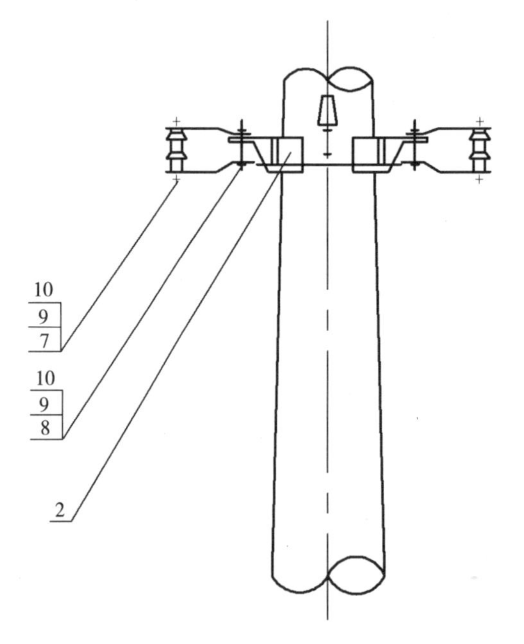

序号	名　称	规　格	单位	数量
1	横担		副	1
2	M 形抱铁		个	2
3	铁连板		块	2
4	铁拉板	-40mm×4mm×270mm	块	8
5	蝶式绝缘子	ED	个	4
6	针式绝缘子	PD-1T	个	2
7	方头螺栓	M16×130	个	4
8	方头螺栓	M16×50	个	4
9	方螺母	M16	个	8
10	垫圈	16	个	16

图 4-19　1kV 以下绝缘导线架空配电线路 2J2 转角杆

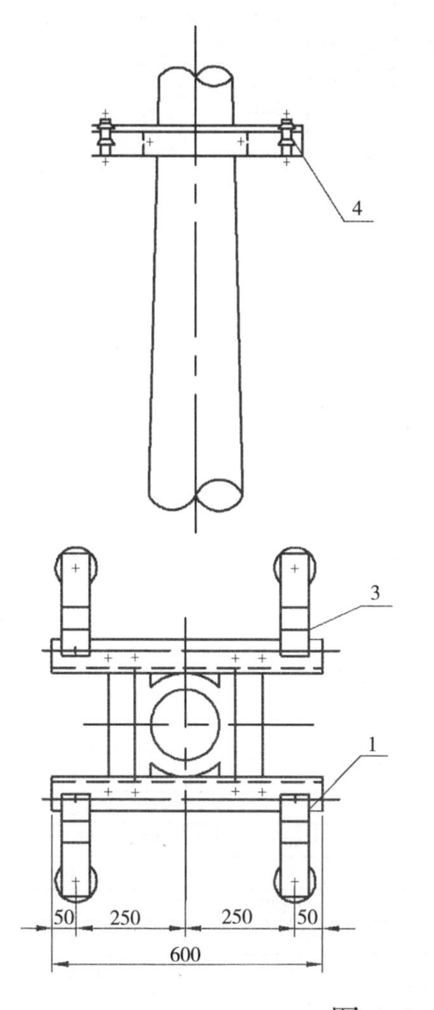

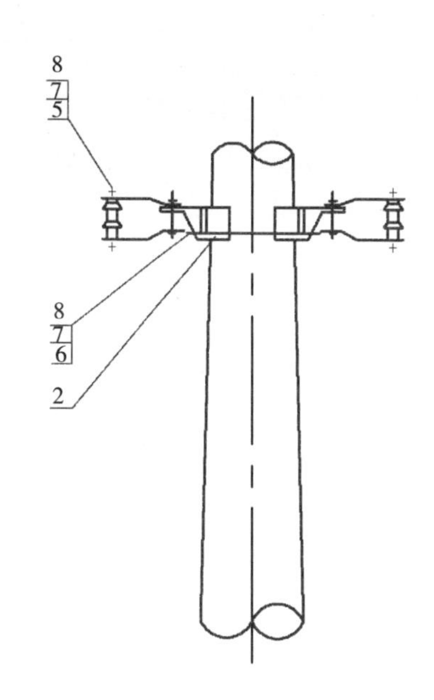

序号	名　称	规　格	单位	数量
1	横担		副	1
2	M 形抱铁		个	2
3	铁拉板	-40mm×4mm×270mm	块	8
4	蝶式绝缘子	ED	个	4
5	方头螺栓	M16×130	个	4
6	方头螺栓	M16×50	个	4
7	方螺母	M16	个	8
8	垫圈	16	个	16

图 4-20　1kV 以下绝缘导线架空配电线路 2N 耐张杆

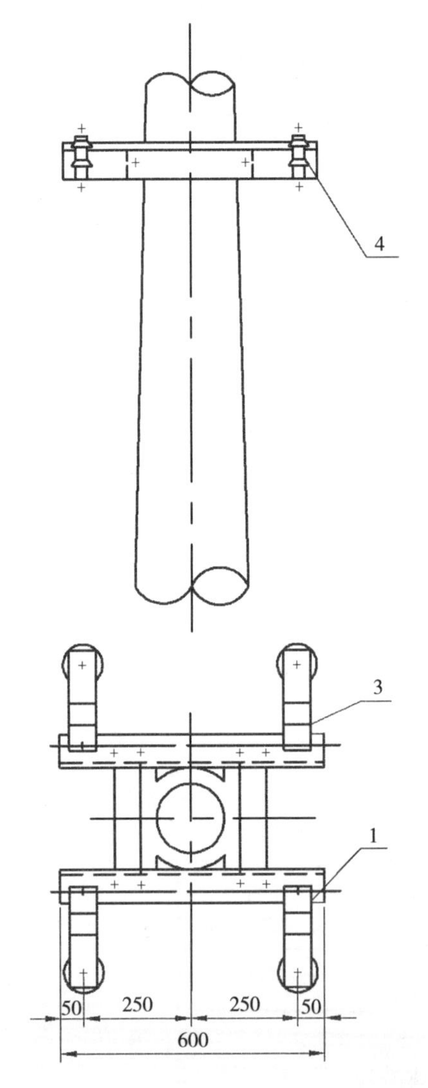

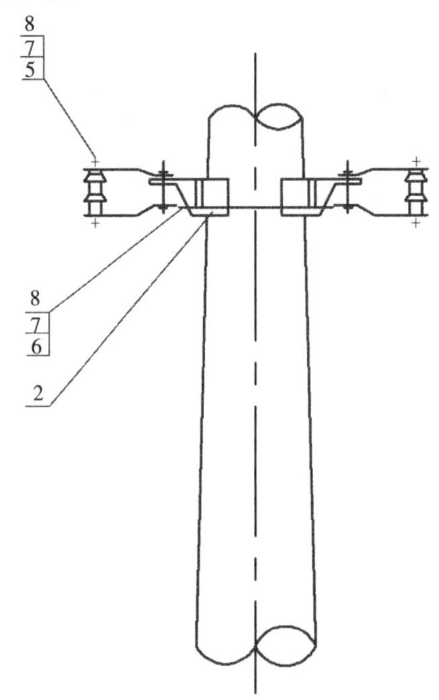

序号	名　称	规　格	单位	数量
1	横担		副	1
2	M形抱铁		个	2
3	铁拉板	−40mm×4mm×270mm	块	8
4	蝶式绝缘子	ED	个	4
5	方头螺栓	M16×130	个	4
6	方头螺栓	M16×50	个	4
7	方螺母	M16	个	8
8	垫圈	16	个	16

图 4–21　1kV 以下绝缘导线架空配电线路 2D1 终端杆

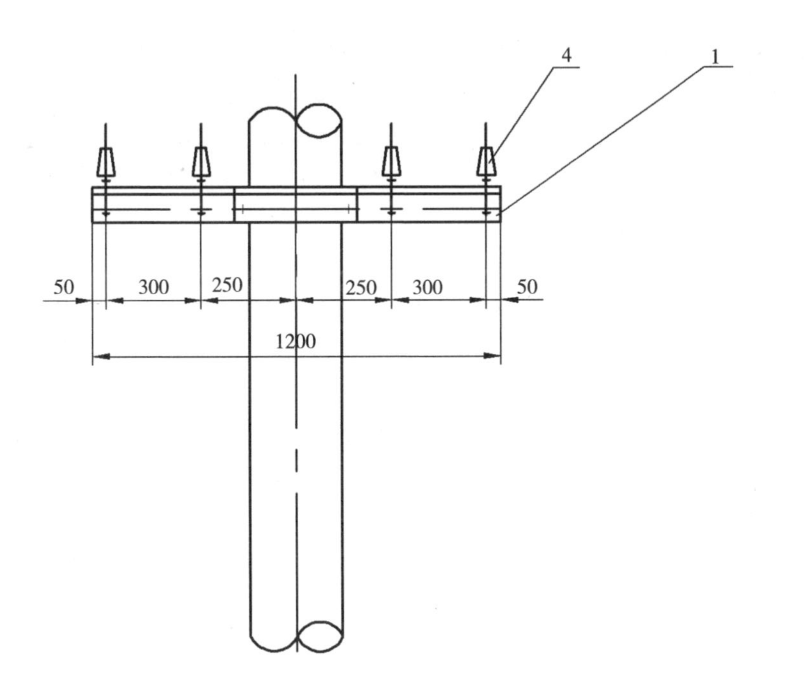

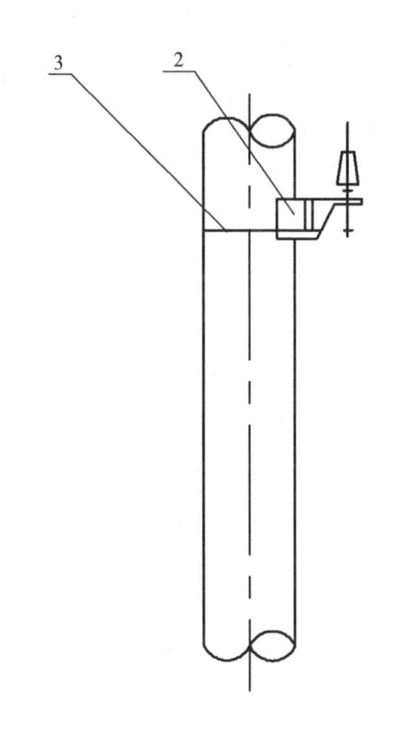

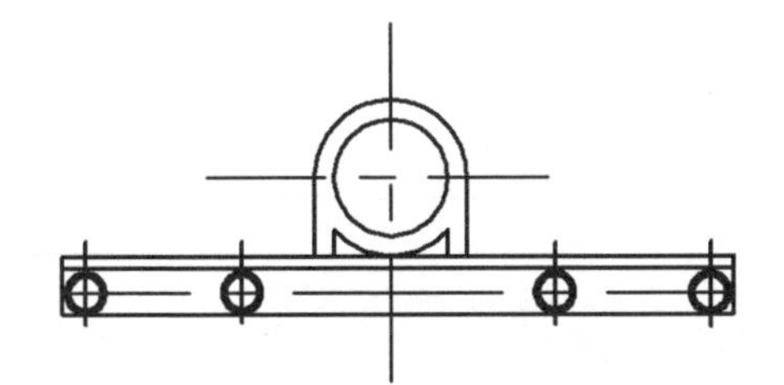

序号	名　称	规　格	单位	数量
1	横担		副	1
2	M 形抱铁		个	1
3	U 形抱箍		副	1
4	针式绝缘子	PD-1T	个	4

图 4-22　1kV 以下绝缘导线架空配电线路 4Z 直线杆

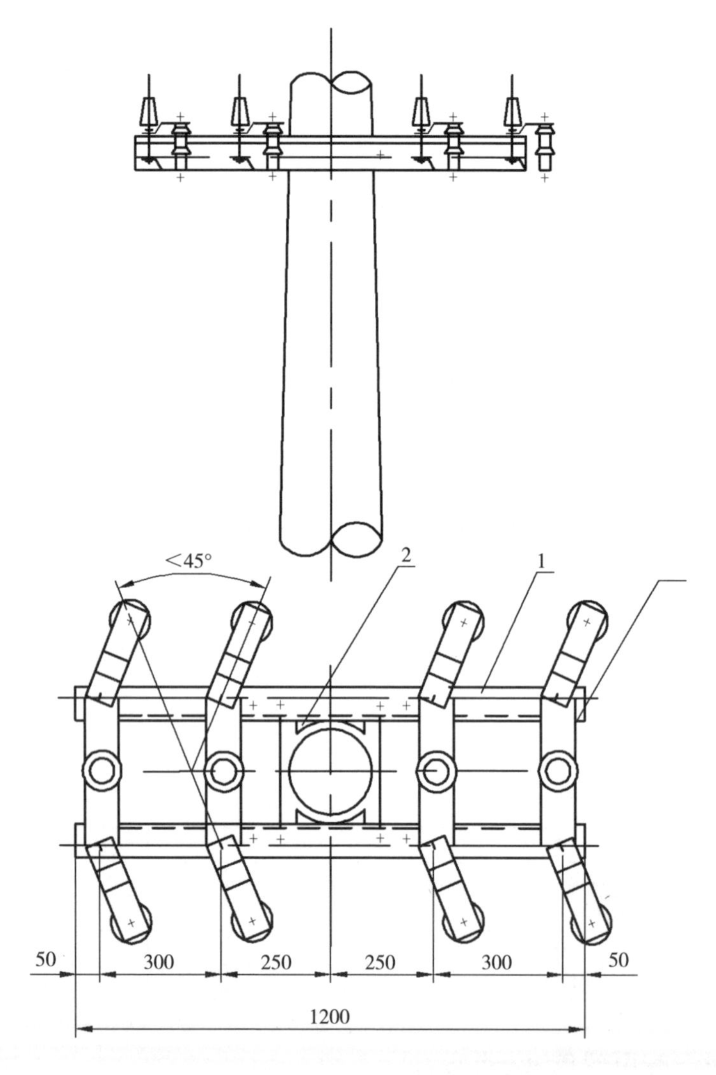

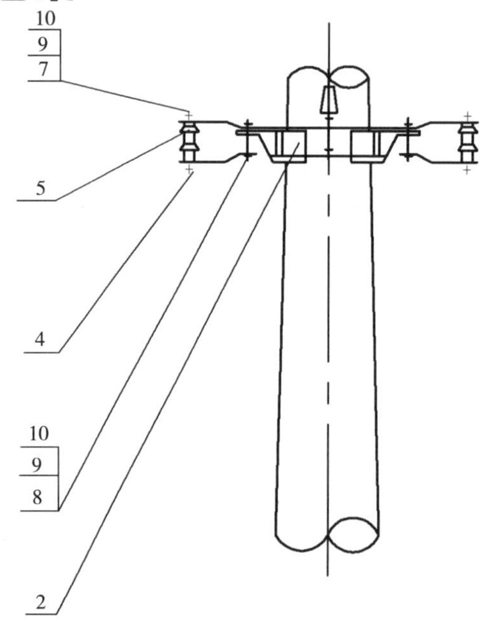

注：本图适用于45° 及以下转角杆。

序号	名　　称	规　　格	单位	数量
1	横担		副	1
2	M形抱铁		个	2
3	铁连板		块	2
4	铁拉板	-40mm×4mm×270mm	块	16
5	蝶式绝缘子	ED	个	8
6	针式绝缘子	PD-1T	个	4
7	方头螺栓	M16×130	个	8
8	方头螺栓	M16×50	个	8
9	方螺母	M16	个	16
10	垫圈	16	个	32

图4-23　1kV以下绝缘导线架空配电线路4J2转角杆

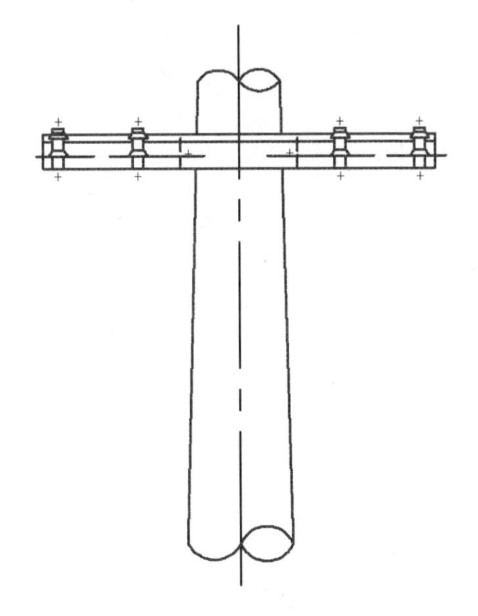

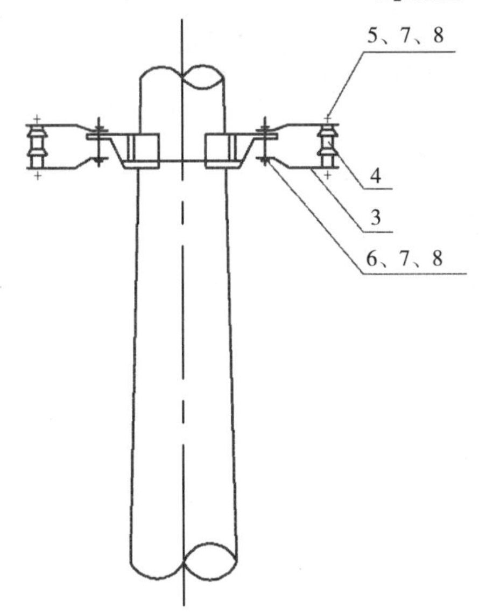

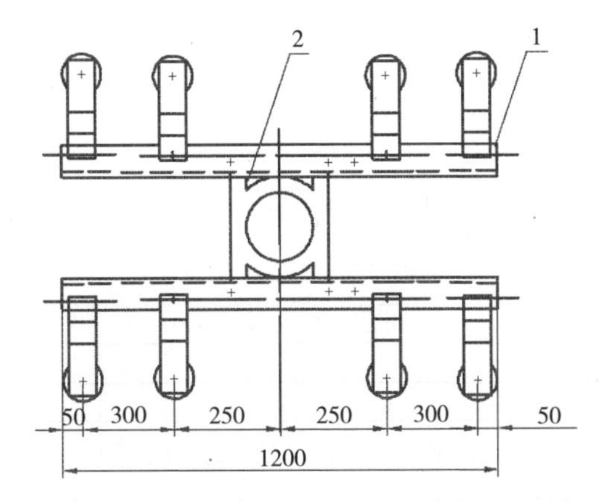

序号	名　称	规　格	单位	数量
1	横担		副	1
2	M形抱铁		个	2
3	铁拉板	−40mm×4mm×270mm	块	16
4	蝶式绝缘子	ED	个	8
5	方头螺栓	M16×130	个	8
6	方头螺栓	M16×50	个	8
7	方螺母	M16	个	16
8	垫圈	16	个	32

图 4–24　1kV 以下绝缘导线配电线路 4N 耐张杆

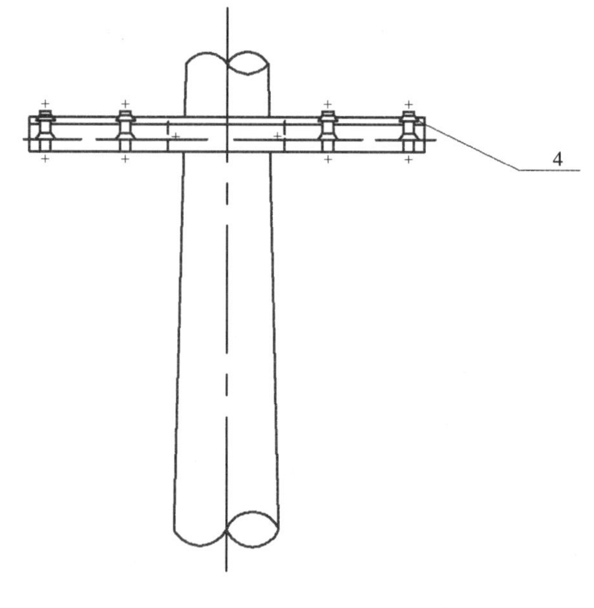

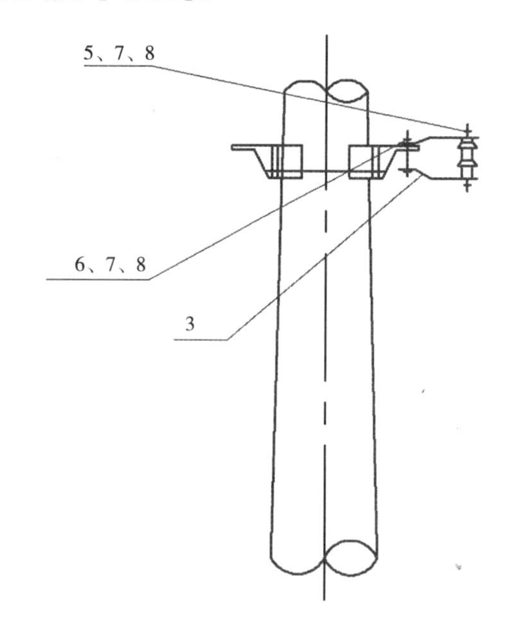

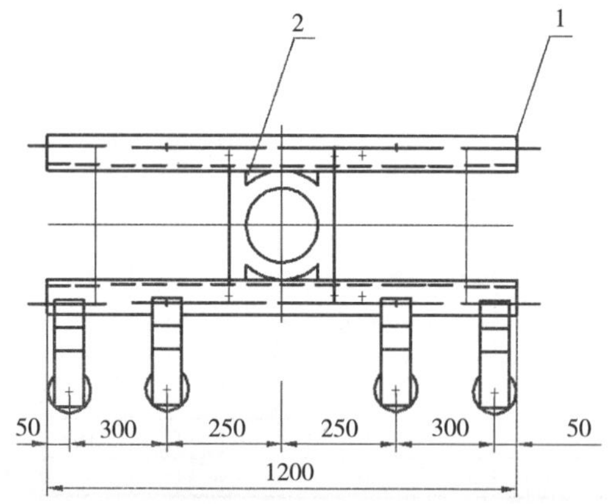

序号	名　称	规　格	单位	数量
1	横担		副	1
2	M 形抱铁		个	2
3	铁拉板	–40mm×4mm×270mm	块	8
4	蝶式绝缘子	ED	个	8
5	方头螺栓	M16×130	个	8
6	方头螺栓	M16×50	个	8
7	方螺母	M16	个	8
8	垫圈	16	个	16

图 4–25　1kV 以下绝缘线架空配电线路 4D2 终端杆

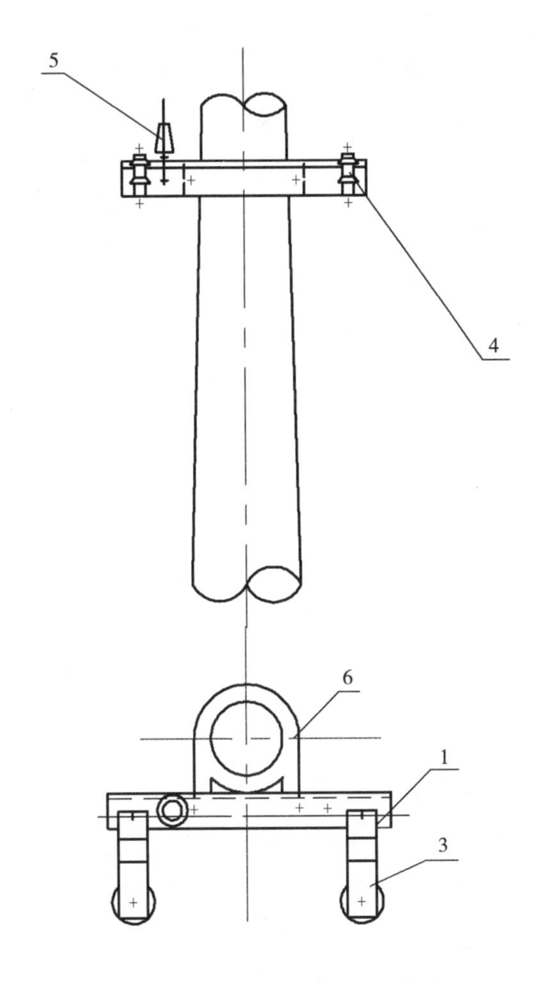

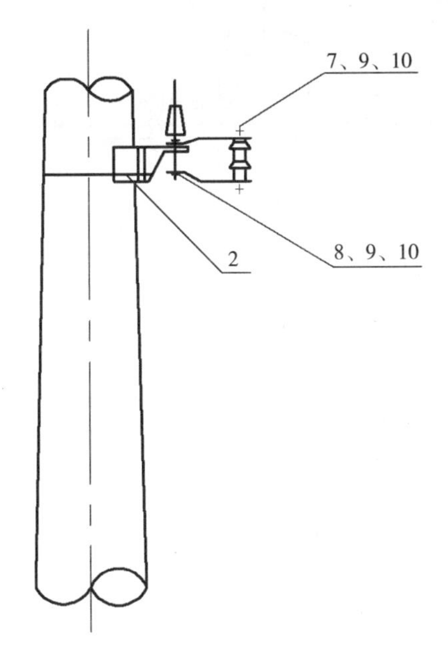

序号	名　称	规　格	单位	数量
1	横担		副	1
2	M 形抱铁		个	1
3	铁拉板	-40mm×4mm×270mm	块	4
4	蝶式绝缘子	ED	个	2
5	针式绝缘子	PD-1T	个	1
6	U 形抱箍		副	1
7	方头螺栓	M16×130	个	2
8	方头螺栓	M16×50	个	2
9	方螺母	M16	个	4
10	垫圈	16	个	8

图 4-26　1kV 以下绝缘导线架空配电线路 2Y 引入杆

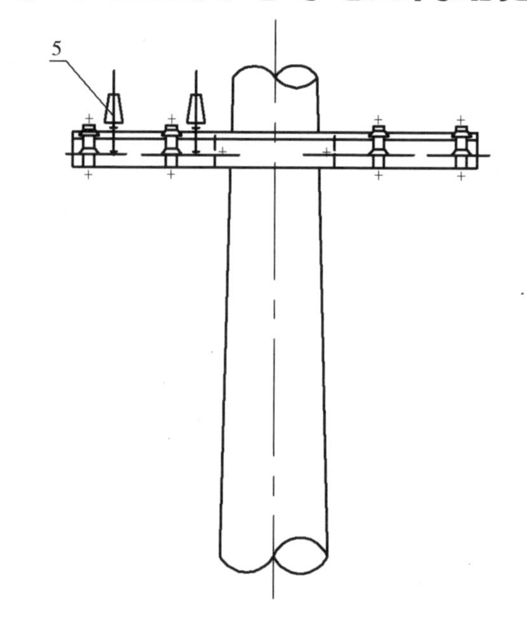

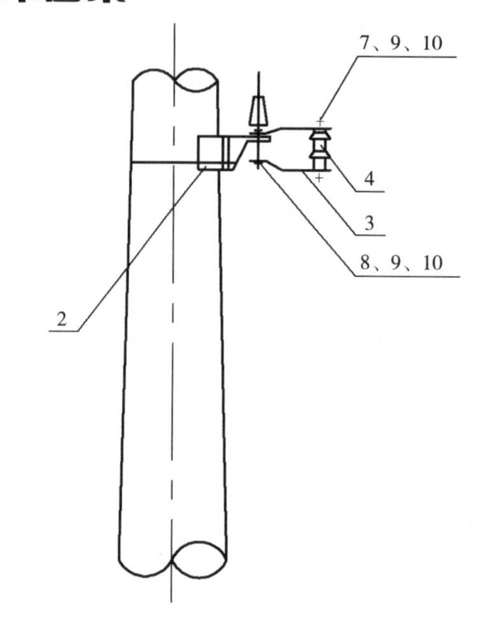

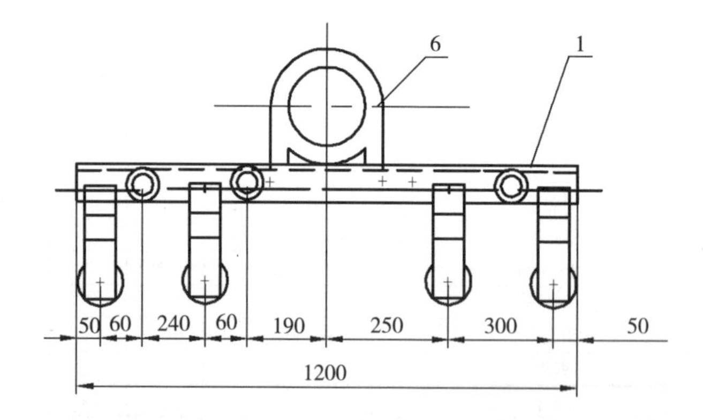

序号	名　称	规　格	单位	数量
1	横担		副	1
2	M 形抱铁		个	1
3	铁拉板	-40mm×4mm×270mm	块	4
4	蝶式绝缘子	ED	个	2
5	针式绝缘子	PD-1T	个	1
6	U 形抱箍		副	1
7	方头螺栓	M16×130	个	2
8	方头螺栓	M16×50	个	2
9	方螺母	M16	个	4
10	垫圈	16	个	8

图 4-27　1kV以下绝缘导线架空配电线路 4Y 引入杆

4.4　拉线

4.4.1　分类及作用

拉线是为防止电杆倾斜而采取一种补强加固的措施，由钢绞线制成，拉线规格有 35mm²、70mm²、120mm² 等。按其作用可分为如下几种：

1. 普通拉线（又叫尽头拉线）　用于线路的耐张终端杆、转角杆和分支杆，主要起拉力平衡的作用。

2. 转角拉线　用于转角杆，主要起拉力平衡作用。

3. 人字拉线　又称两侧拉线，一般装在线路垂直方向电杆的两侧，多用于基础不坚固和交叉跨越加高杆或较长的耐张段(两根耐张杆之间)中间的直线杆上，主要作用是在狂风暴雨时保持电杆平衡，以免倒杆、断杆。一般每隔 7～10 根电杆做一个人字拉线。

4. 十字拉线　又叫四方拉线，一般装于顺线路方向和垂直线路方向四个方位，主要用于土质松软地区电杆和耐张杆的稳定性。

5. 高桩拉线　又叫水平拉线、过道拉线，用于跨越道路，不妨碍车、人的通行。

6. 自身拉线　又叫弓形拉线，为了防止电杆受力不平衡或防止电杆弯曲，因地形限制不能安装普通拉线时，可采用自身拉线。

7. 拉墙式拉线　因建筑物限制，直接拉到建筑物墙上。

8. V 形拉线（Y 形拉线）　主要用于电杆较高、横担较多、架设多条导线，因为受力不均匀，这样可以在张力合成点上两处安装 Y 形拉线。在拉力的合力点上下两处各安装一条拉线，其下部则合为一条，此种称垂直 V 形；在 H 形杆上则安装成水平 V 形。

4.4.2 示意图与装置图

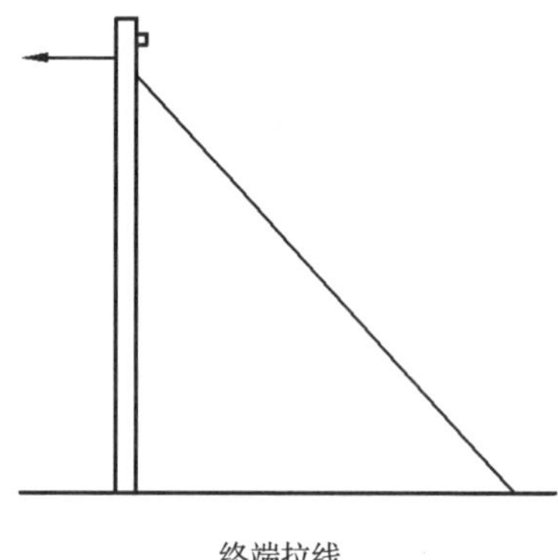

终端拉线

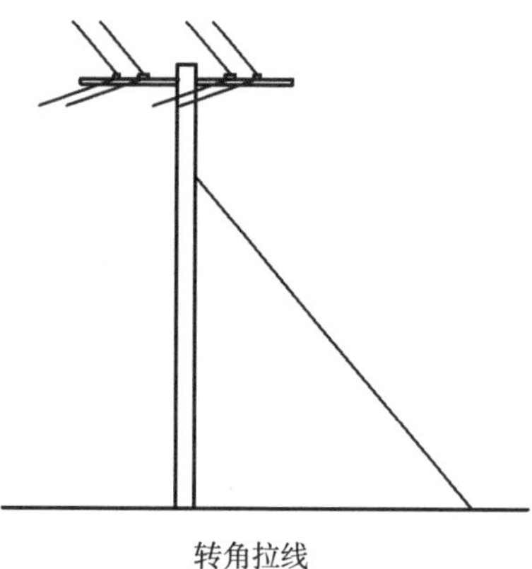

转角拉线

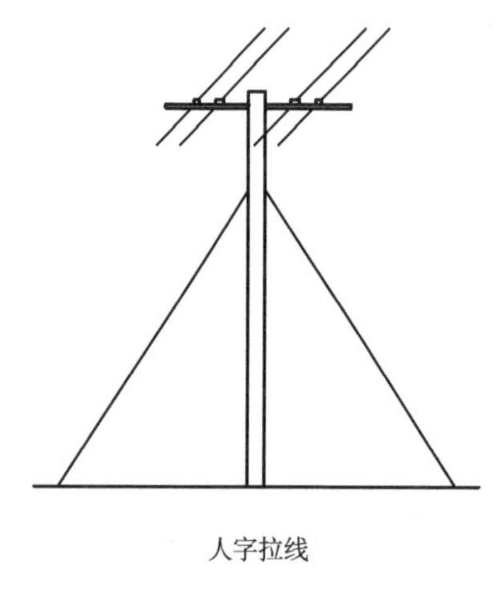

人字拉线

高桩拉线

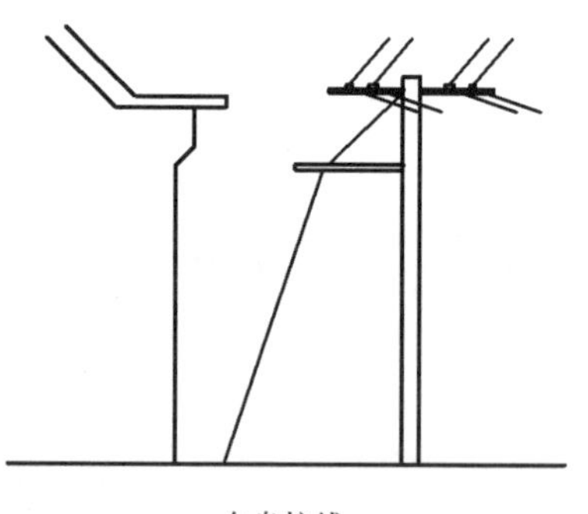

自身拉线

图 4–28 架空配电线路电杆拉线种类示意图

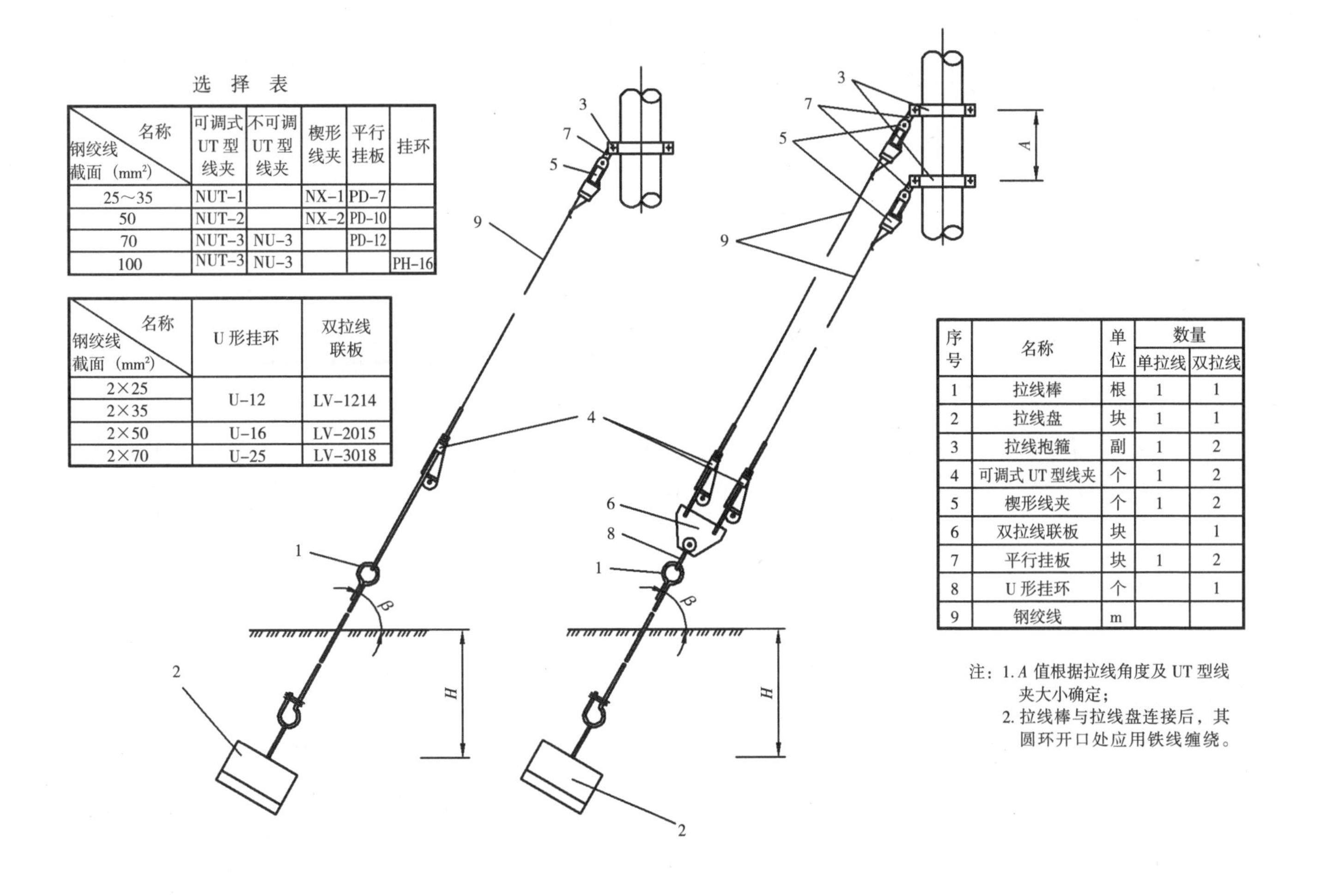

选　择　表

钢绞线截面（mm²）＼名称	可调式UT型线夹	不可调UT型线夹	楔形线夹	平行挂板	挂环
25～35	NUT–1		NX–1	PD–7	
50	NUT–2		NX–2	PD–10	
70	NUT–3	NU–3		PD–12	
100	NUT–3	NU–3			PH–16

钢绞线截面（mm²）＼名称	U形挂环	双拉线联板
2×25	U–12	LV–1214
2×35		
2×50	U–16	LV–2015
2×70	U–25	LV–3018

序号	名称	单位	数量	
			单拉线	双拉线
1	拉线棒	根	1	1
2	拉线盘	块	1	1
3	拉线抱箍	副	1	2
4	可调式UT型线夹	个	1	2
5	楔形线夹	个	1	2
6	双拉线联板	块		1
7	平行挂板	块	1	2
8	U形挂环	个		1
9	钢绞线	m		

注：1. *A* 值根据拉线角度及UT型线夹大小确定；
2. 拉线棒与拉线盘连接后，其圆环开口处应用铁线缠绕。

图4–29　架空配电线路电杆单、双钢绞线普通拉线施工图

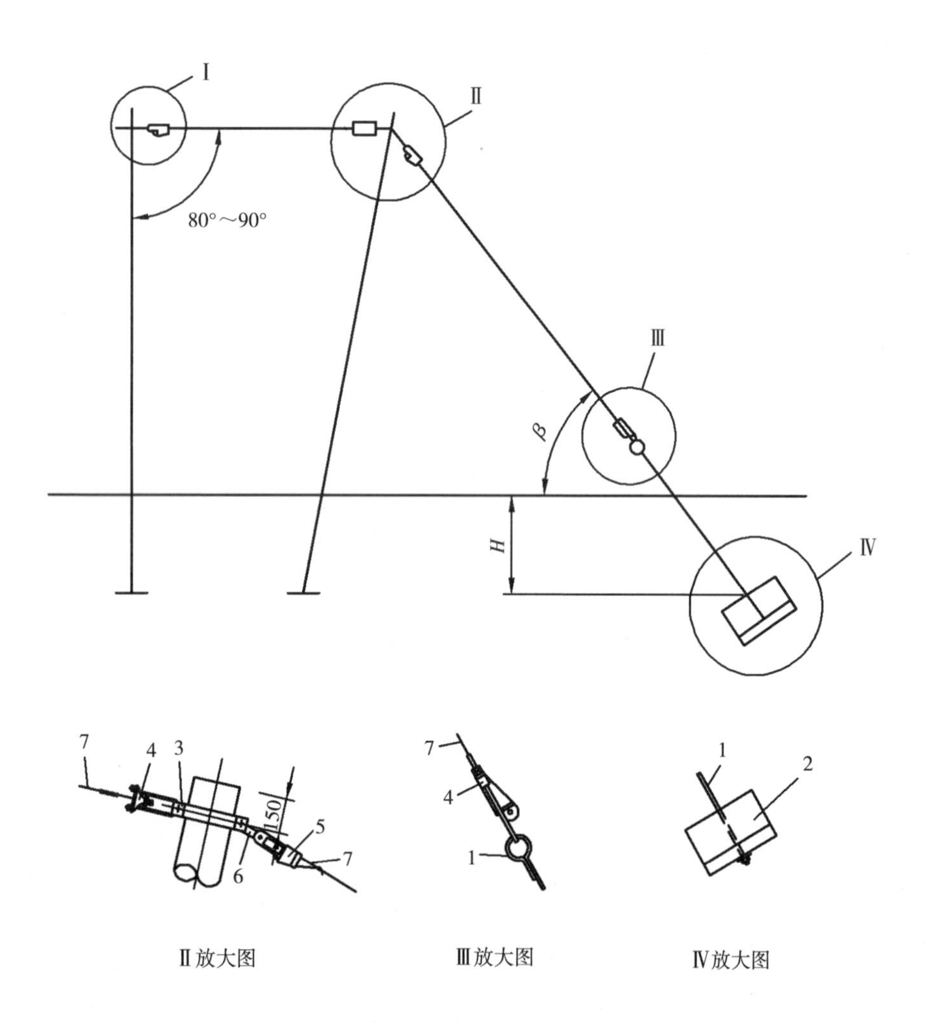

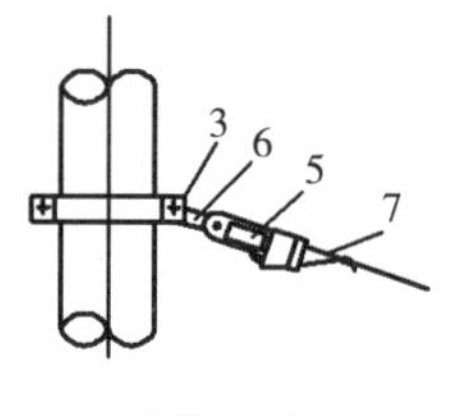

Ⅰ放大图

金具选择表

钢绞线截面（mm²）＼名称	可调式UT型线夹	不可调UT型线夹	楔形线夹	平行挂板
25～35	NUT–1		NX–1	PD–7
50～70	NUT–2		NX–2	PD–10
100	NUT–4	NU–3		PD–12

序号	名　称	单位	数量
1	拉线棒（带拉线壁板）	根	1
2	拉线盘	块	1
3	拉线抱箍	副	2
4	可调式UT型线夹	个	2
5	楔形线夹	个	2
6	平行挂板	块	2
7	钢绞线	m	

图4–30　架空配电线路电杆单钢绞线水平拉线组装施工图

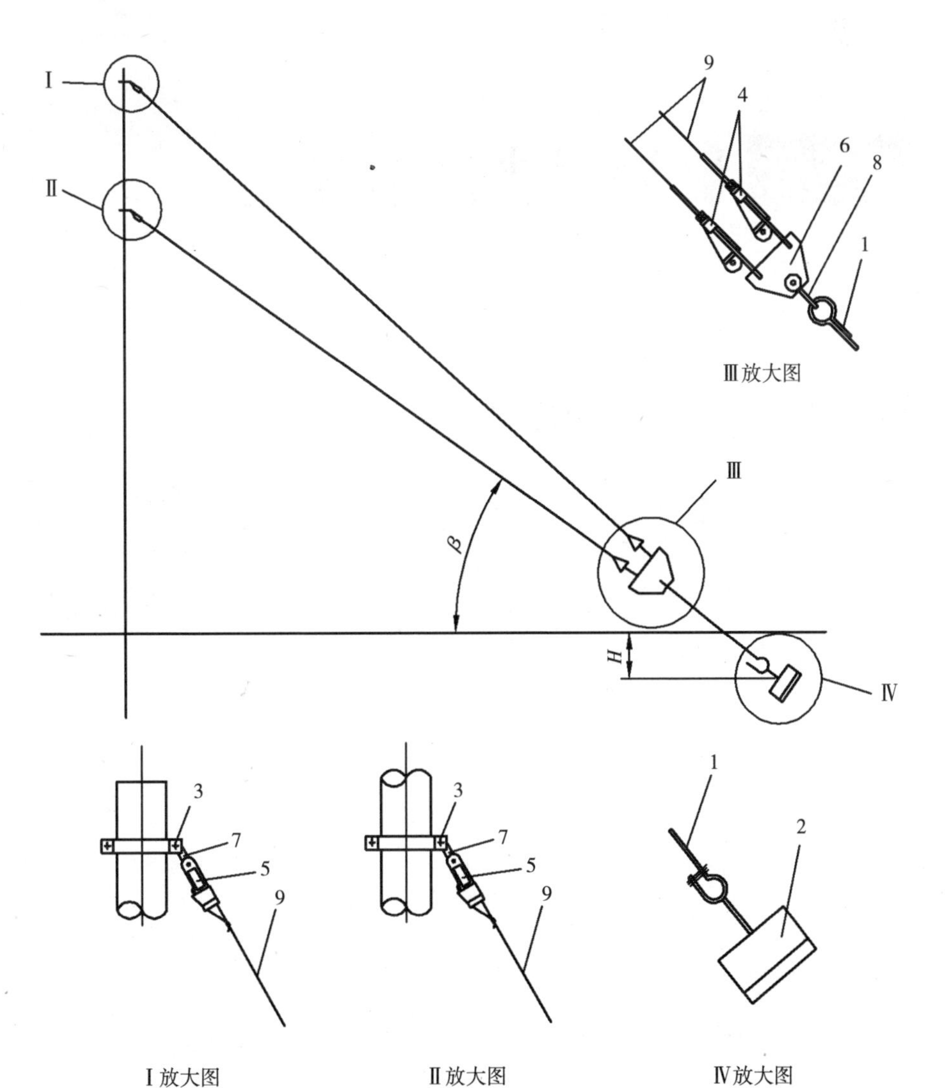

选　择　表

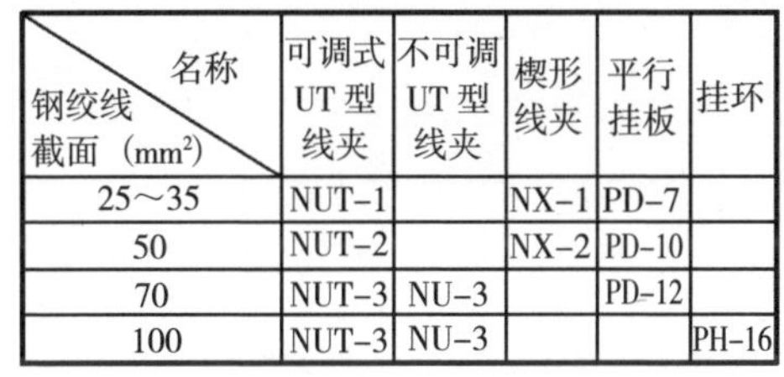

名称 钢绞线截面（mm²）	可调式UT型线夹	不可调UT型线夹	楔形线夹	平行挂板	挂环
25～35	NUT-1		NX-1	PD-7	
50	NUT-2		NX-2	PD-10	
70	NUT-3	NU-3		PD-12	
100	NUT-3	NU-3			PH-16

名称 钢绞线截面（mm²）	U形挂环	双拉线联板
2×25	U-12	LV-1214
2×35		
2×50	U-16	LV-2015
2×70	U-25	LV-3018

材　料　表

序号	名称	单位	数量
1	拉线棒	根	1
2	拉线盘	块	1
3	拉线抱箍	副	2
4	可调式UT型线夹	个	2
5	楔形线夹	个	2
6	双拉线联板	块	1
7	平行挂板	块	2
8	U形挂环	个	1
9	钢绞线	mm	

注：拉线棒与拉线盘连接后，其圆环开口处应用铁线缠绕。

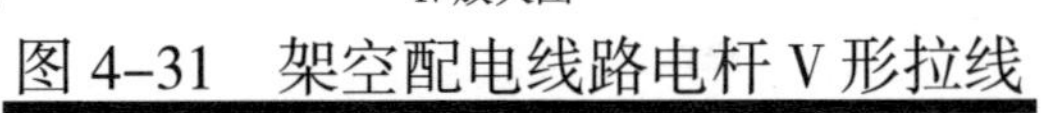

图4-31　架空配电线路电杆V形拉线

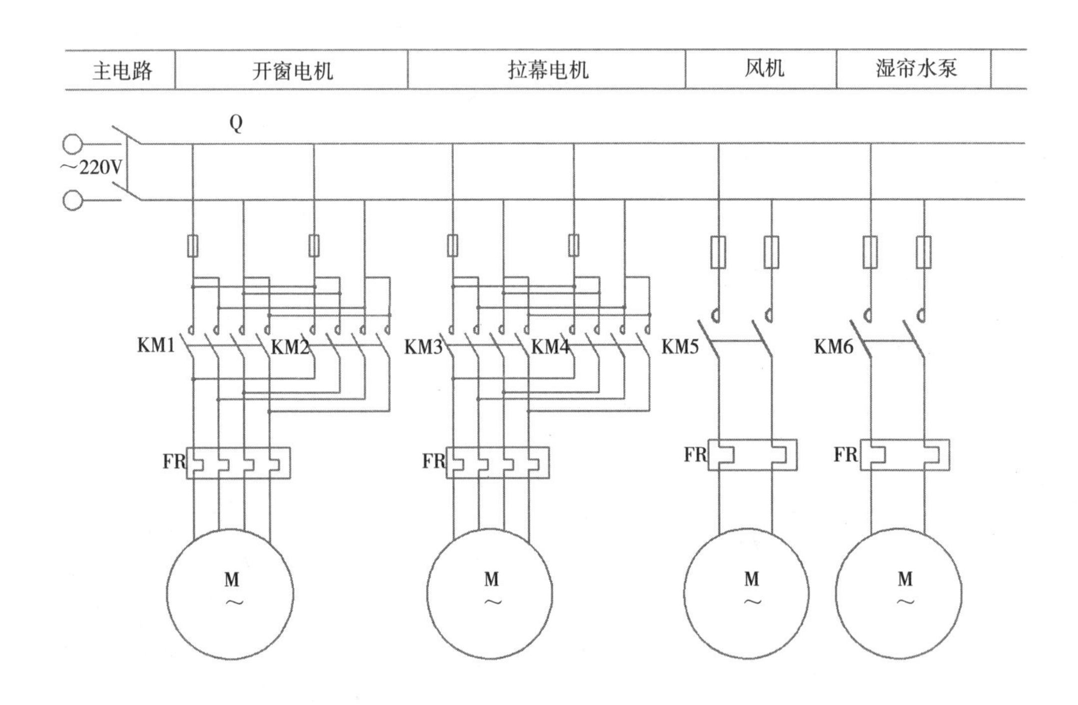
主电路
开窗电机
拉幕电机
风机
湿帘水泵
Q
~220V
KM1
KM2
KM3
KM4
KM5
KM6
FR
FR
FR
FR
M
~
M
~
M
~
M
~

第五章　农业用电

5.1　概述

农业用电是指农村村队、国营农场、牧场、电力排灌站和垦殖场、学校、机关、部队以及其他单位举办的农场或农业基地的农田排涝、灌溉、电犁、打井、脱粒、积肥、育秧、农民口粮加工（指非商品性的）、牲畜料加工，防汛临时照明和黑光灯捕虫等用于相关农业性和加工用电。

农业用电范围包括以下内容：

1. 农业灌溉及水利设施操作用电　抽水或扬水以灌溉农作物为目的或操作各种农业水利设施之用电。

2. 农作物栽培及收获后处理用电　农作物播种、育苗及栽培管理或各种农产品干燥、脱粒、洗选、分级、包装之处理机械用电，或设施园艺所需之光照及温度调节用电。

3. 农产品冷藏及粮食仓储用电　农民团体及农产品批发市场冷藏农产品，或农民团体存储公粮、稻米、杂粮之仓储操作或碾米机械之用电。

4. 水产养殖用电　海上养殖所需之岸上饲料原料储藏、冷冻、混合、投饵、洗网机械；陆上养殖所需之抽水、排水、打气、温室加温、循环水等水质改善设备、饲料原料储藏、冷冻、混合、投饵机械之用电。

5. 畜牧用电　饲养家畜、家禽、污染防治设施、鸡蛋洗选、分级包装或集乳站机械之用电。

5.2　温室大棚用电系统

现代温室大棚就是重要的现代农业设施之一，与传统塑料大棚、遮阳棚相比，现代温室大棚农业逐步走向环境安全型。具有防雨、抗风等功能，自动化、智能化、机械化程度高，温室内部具备保温、光照、通风和喷灌设施，可进行立体种植。

5.2.1　温室大棚电气配电图

1. 温室大棚概况

总面积为166.4m²，属于三级单体建筑；工程类型为钢结构。

2. 设计依据

《民用建筑电气设计规范》JGJ/16—2008,《建筑设计防火规范》GB50016—2012，《建筑物防雷设计规范》GB50057—2010。

3. 设计范围

（1）380V/220V 配电系统。

（2）建筑物防雷、接地系统及安全措施。

（3）执行机构的主电路和控制电路。

4. 380V/220V 的配电系统

（1）负荷分类及容量：三级负荷，总容量为35.0kW。

（2）供电电源：380V/220V。

（3）照明配电：照明、插座均由不同的支路供电；所有插座回路（空调插座回路除外）均设漏电断路器保护。

5. 设备安装

电源总进线箱嵌墙安装，配电箱底边距地1.4m。公共照明开关选用单控开关，距地 1.4m；其他均为普通型，距地 1.4m、距门框或洞口边 0.2m；单相插座距地 1.4m。配电系统设备材料见表 5-1。

6. 导线选择及敷设

干线选用 BV-500V 聚氯乙烯绝缘铜芯导线，所有干线均穿钢管沿地面内暗敷、沿墙或屋架明敷。支线选用 BV-500V 聚氯乙烯绝缘铜芯导线，所有支线均穿电气钢管沿地面内暗敷、沿墙或屋架明敷。

7. 建筑物防雷、接地系统及安全措施

防雷达不到三级防雷标准，但建筑物作总等电位联结；采用 TN-C-S 系统，利用基础钢筋网作重复接地，要求接地电阻不大于 4Ω。

表 5-1　配电系统设备材料表

序号	图例	名称	型号规格	备注
1		电源进户线		埋深 1.4m
2		接地线	扁钢 40mm × 4mm	埋深 1.4m
3		配电柜		落地安装，下设 0.2m 基础
4	MEB	总等电位端子箱	300mm × 400mm × 140mm	总箱侧方，距地 0.4m
5		半圆式吸顶灯	60W	吸顶安装
6		金卤灯	70W	杆吊安装，距顶 0.2m
7		单相单级开关	250V，10A	壁装，距地 1.4m
8		电机	220V	—

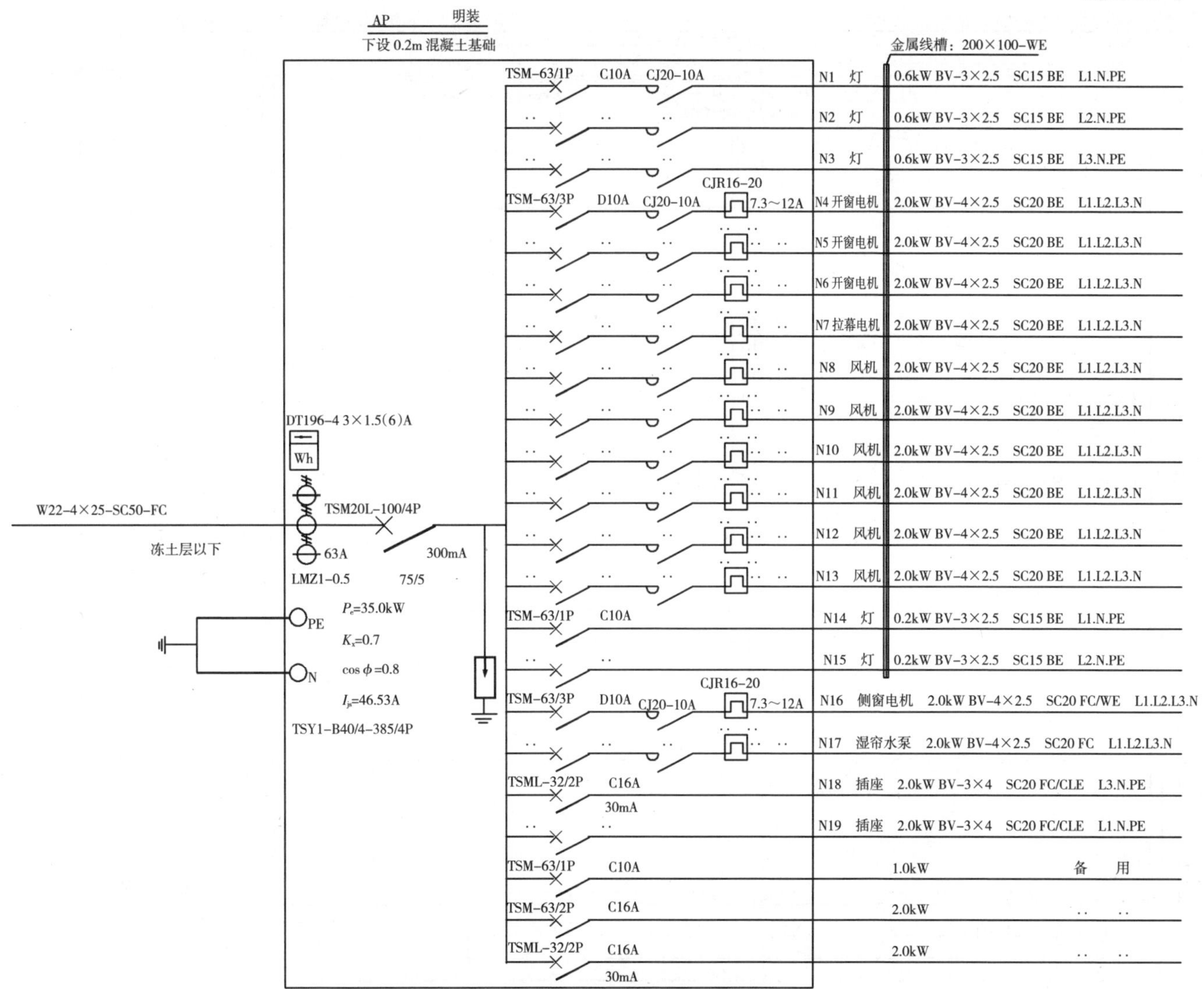

图 5-1　温室大棚配电系统图

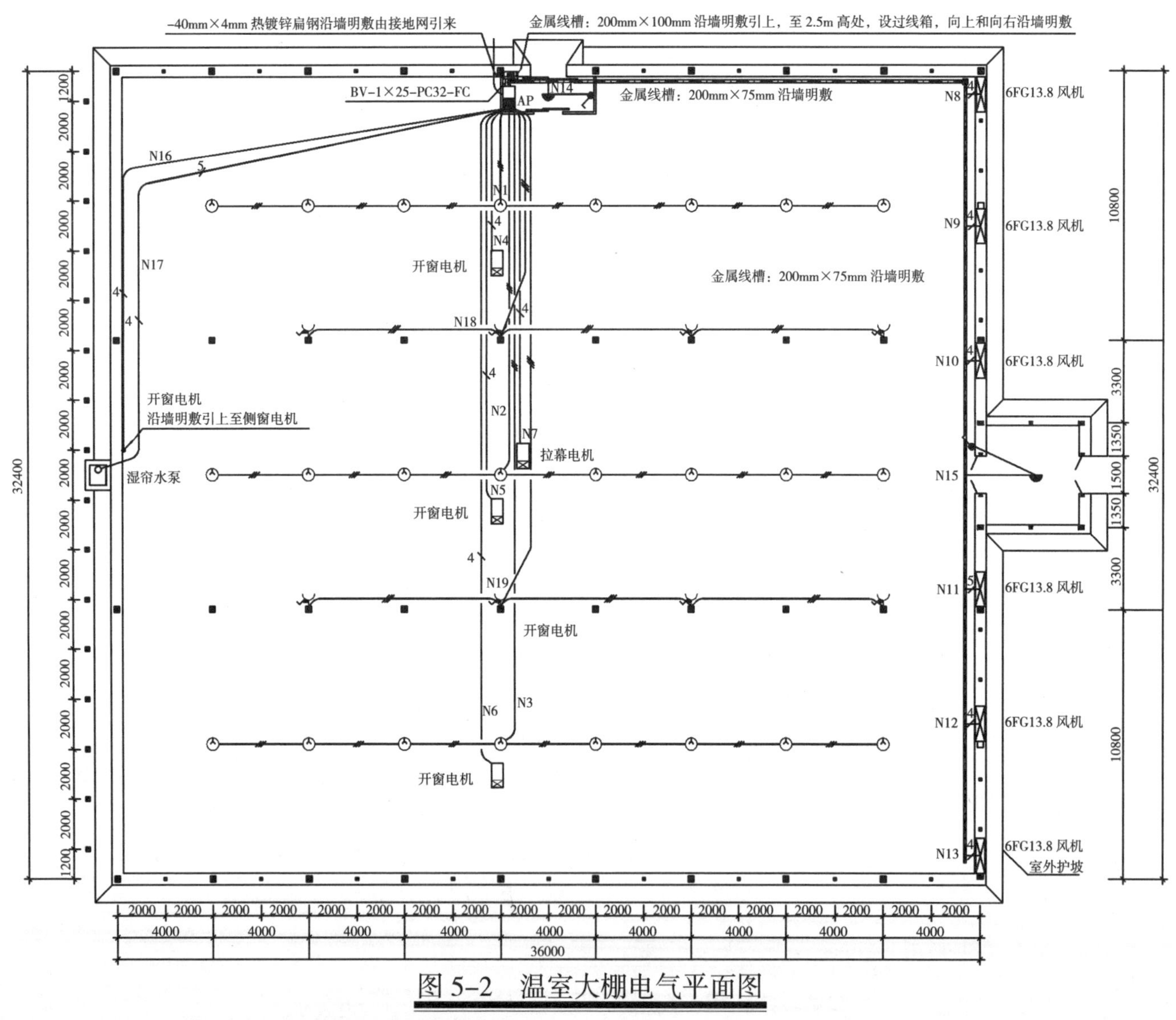

图 5-2 温室大棚电气平面图

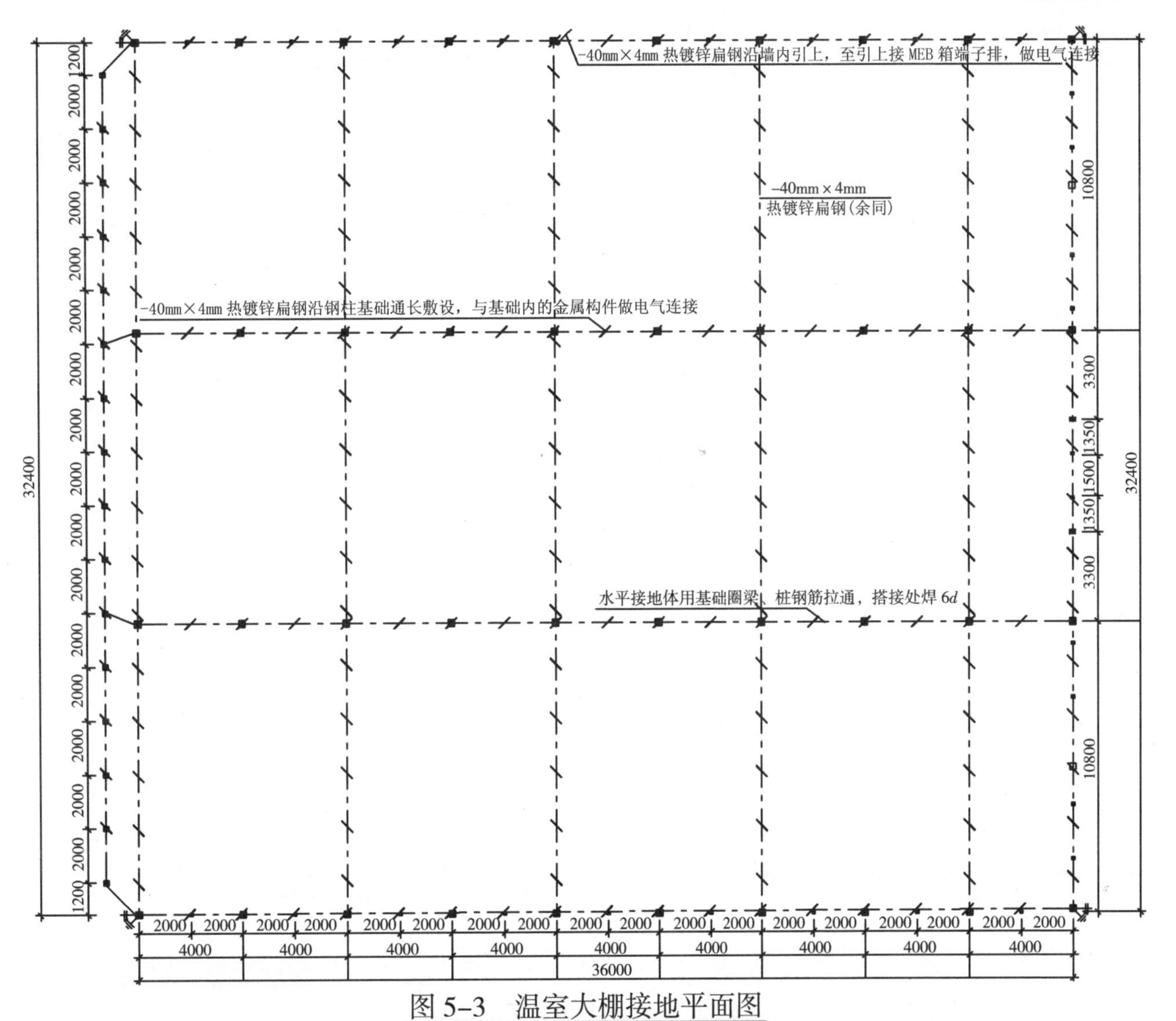

图 5-3　温室大棚接地平面图

5.2.2 执行机构电路原理图

1. 单相异步电动机

单相异步电动机由主绕组 A1—A2，副绕组 B1—B2 和电容 C 组成。两个线圈产生的磁场在空间分布上互差 90°。工作原理是：设流过主绕组的电流为 I_a，流过副绕组的电流为 I_b；I_a 在相位上滞后电源电压 90°，I_b 比 I_a 超前 90°，这样在定子里就产生了旋转磁场，其旋转磁场为顺时针方向。（图 5-4）

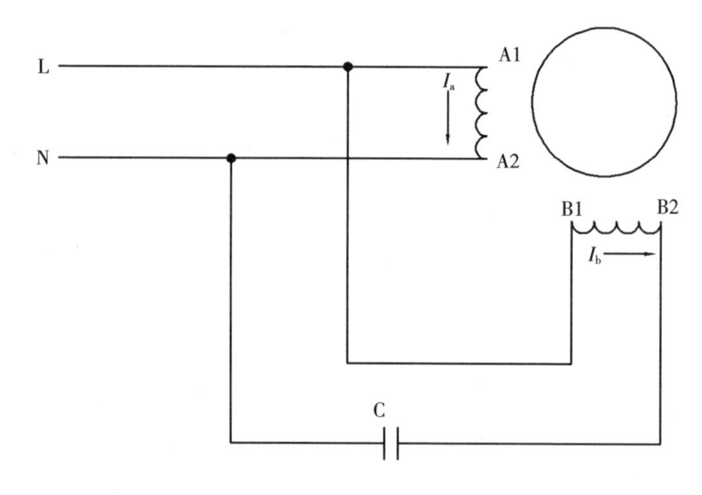

图 5-4　单相异步电动机工作原理图

2. 单相异步电动机的正反转控制

单相异步电动机如何实现反转？只要让 I_b 滞后于 I_a 90°（或者换句话说，让 I_a 超前 I_b 90°）。也就是，只要 I_b 翻转 180°（或者 I_a 翻转 180°）就能实现了。

实现过程：那么如何实现 I_b 翻转 180°（或者 I_a 翻转 180°）呢？从图 5-4 可以看出，主绕组 A1—A2 同副绕组 B1—B2 接在同一个电源上，即它们的电压是同相位的。只要把主绕组的 L 接 A1、N 接 A2 换一下，改成L 接 A2、N接 A1；副绕组不变，维持L 接 B1、N接 B2。则主绕组的电压和副绕组的电压就有 180° 的相位差，从而使主绕组的电流翻转了 180°，也就实现了 I_b 滞后于 I_a 90°（或者换句话说，让 I_a 超前 I_b 90°），旋转磁场的方向为逆时针，从而实现了反转。

接线方法：在 KM1 的下方线 1 和线 4 互换，或者线 2 和线 3 互换，如 KM2 连接，电机就可以反转了。（图 5-5）

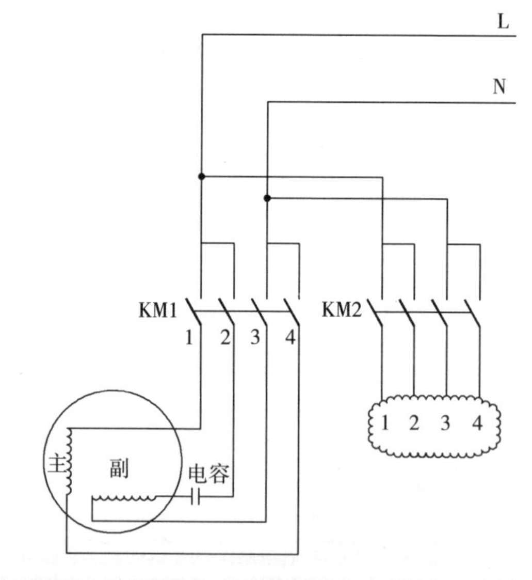

图 5-5　单相异步电动机正反转控制电路图

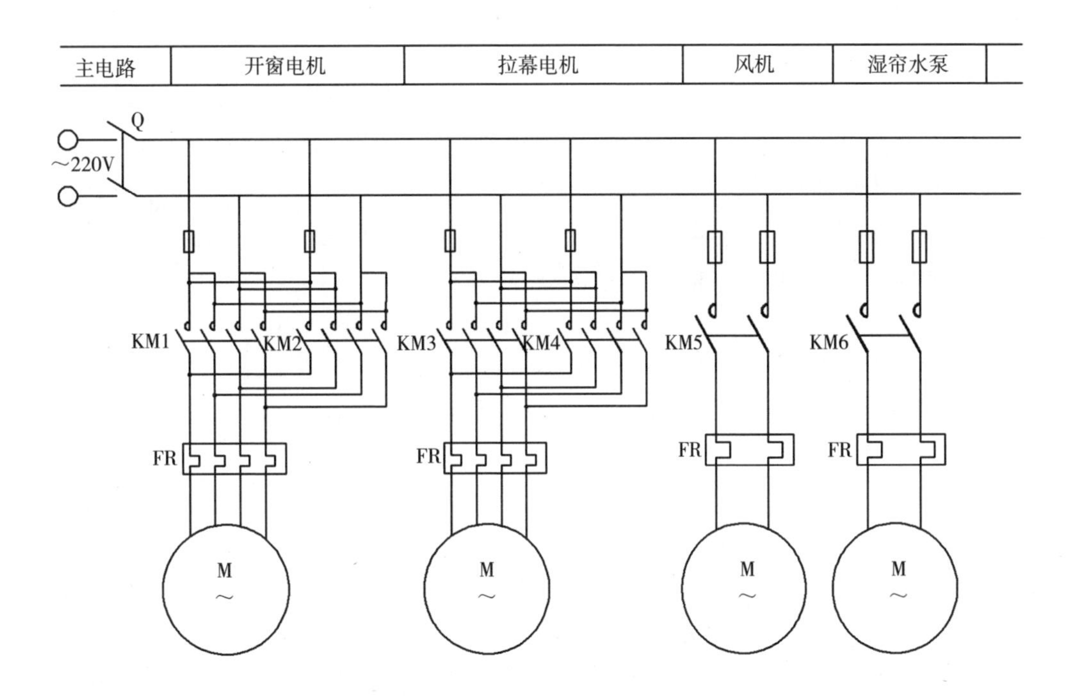

图 5-6 温室大棚主电路图

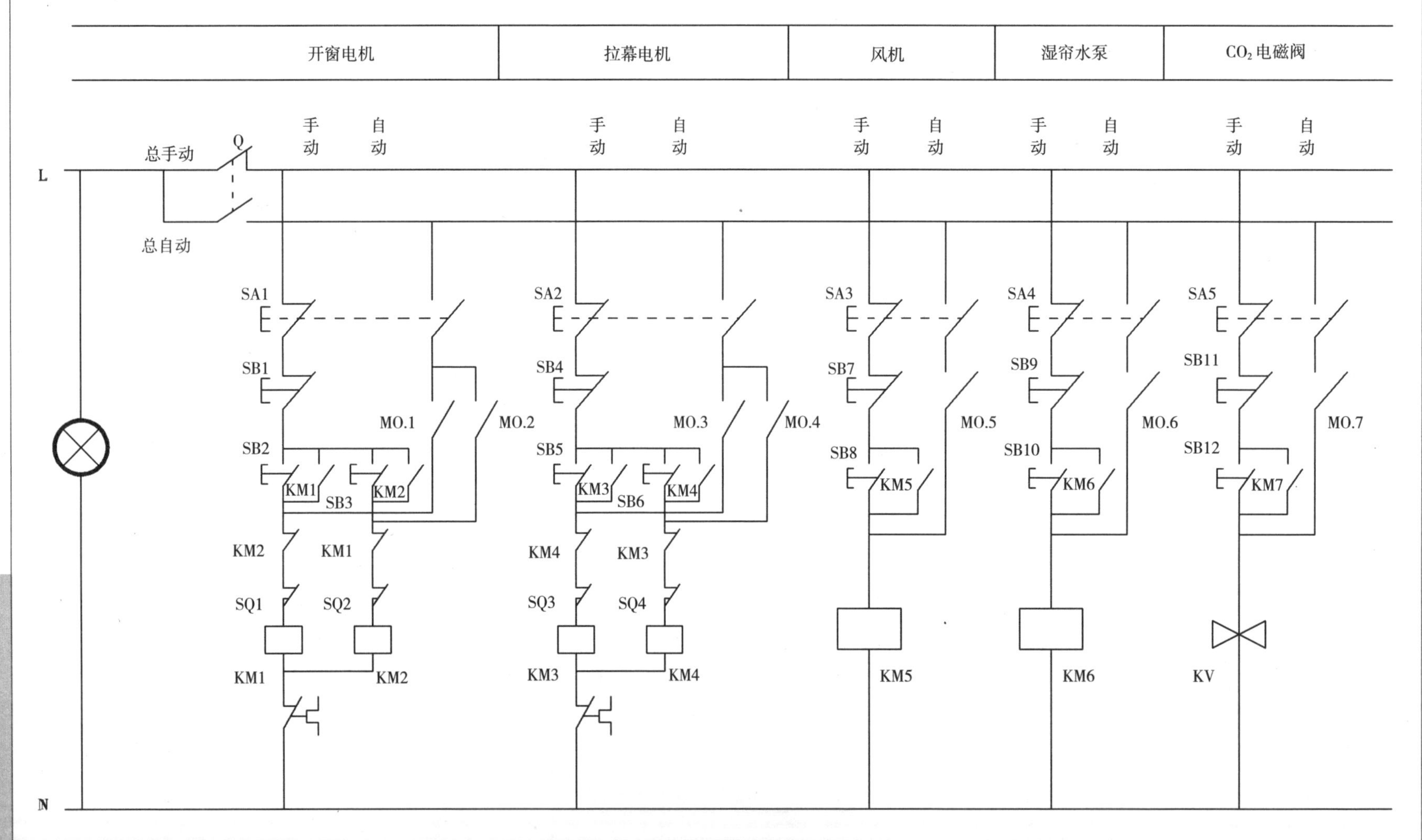

图 5-7 温室大棚控制电路图

5.3　农业灌溉与水利设施用电

农业灌溉与水利设施用电是指抽水或扬水以灌溉农作物为目的或操作各种农业水利设施的用电。目前，农村的排灌设施主要有两种方式：①使用三相四线线路的固定式电排站；②使用单相电源的非固定移动式各种轻型移动水泵，如目前广泛使用的机电一体的潜水泵。

1. 固定式电排站（点）　一般有排灌专变台区线路，属于一种农业生产专用变压器，该变压器及其配套的高、低压线路资产为村集体所有。

2. 非固定排灌　农户广泛使用的一种轻型便捷安装简易的各式水泵，如潜水泵。通常使用单相电源，农户大多用经过农田的低压架空裸导线或从自家拖出几百米的地爬线，装上一个简易的插头，就把潜水泵丢入水塘抽水。为安全用电，建议农户安装简易的漏电保护器，这样在漏电的情况下就会迅速切断电源，避免产生危险。

5.3.1 水泵站电气图

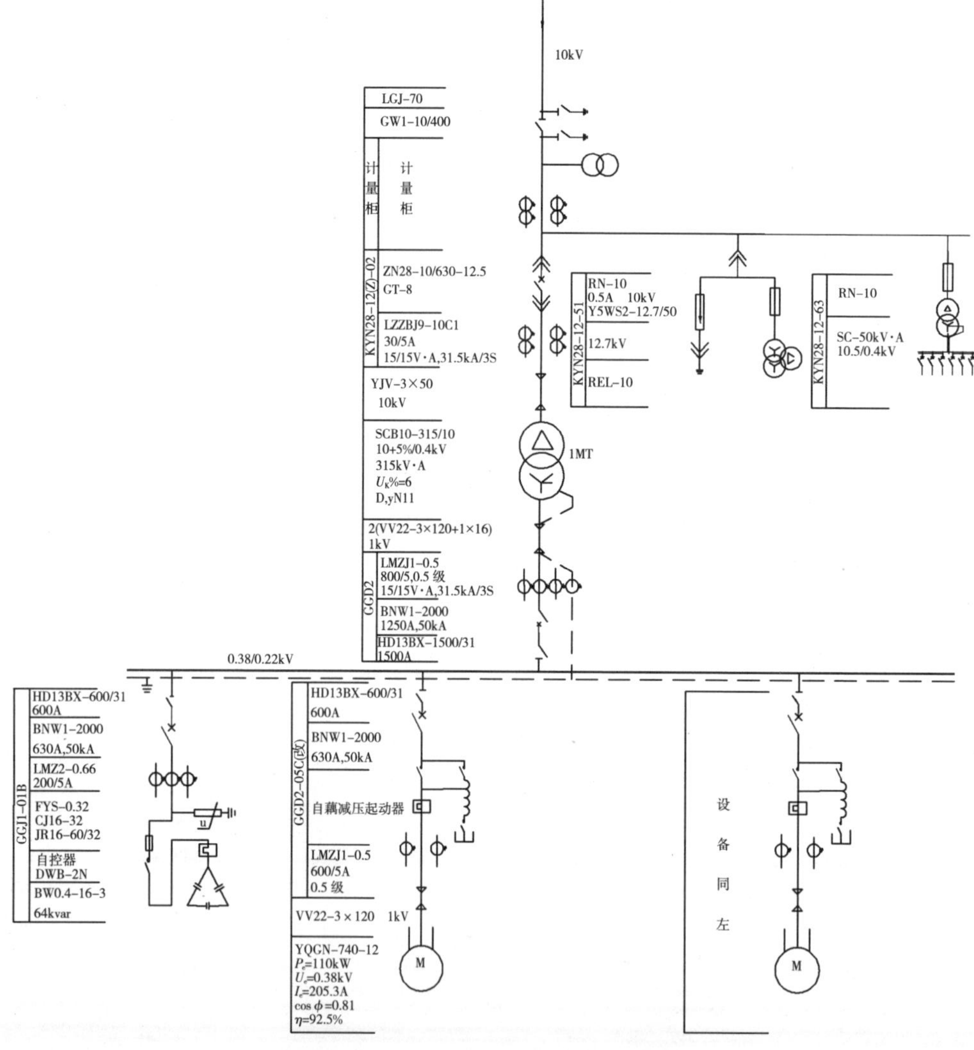

图 5-8 水泵站电气主接线图

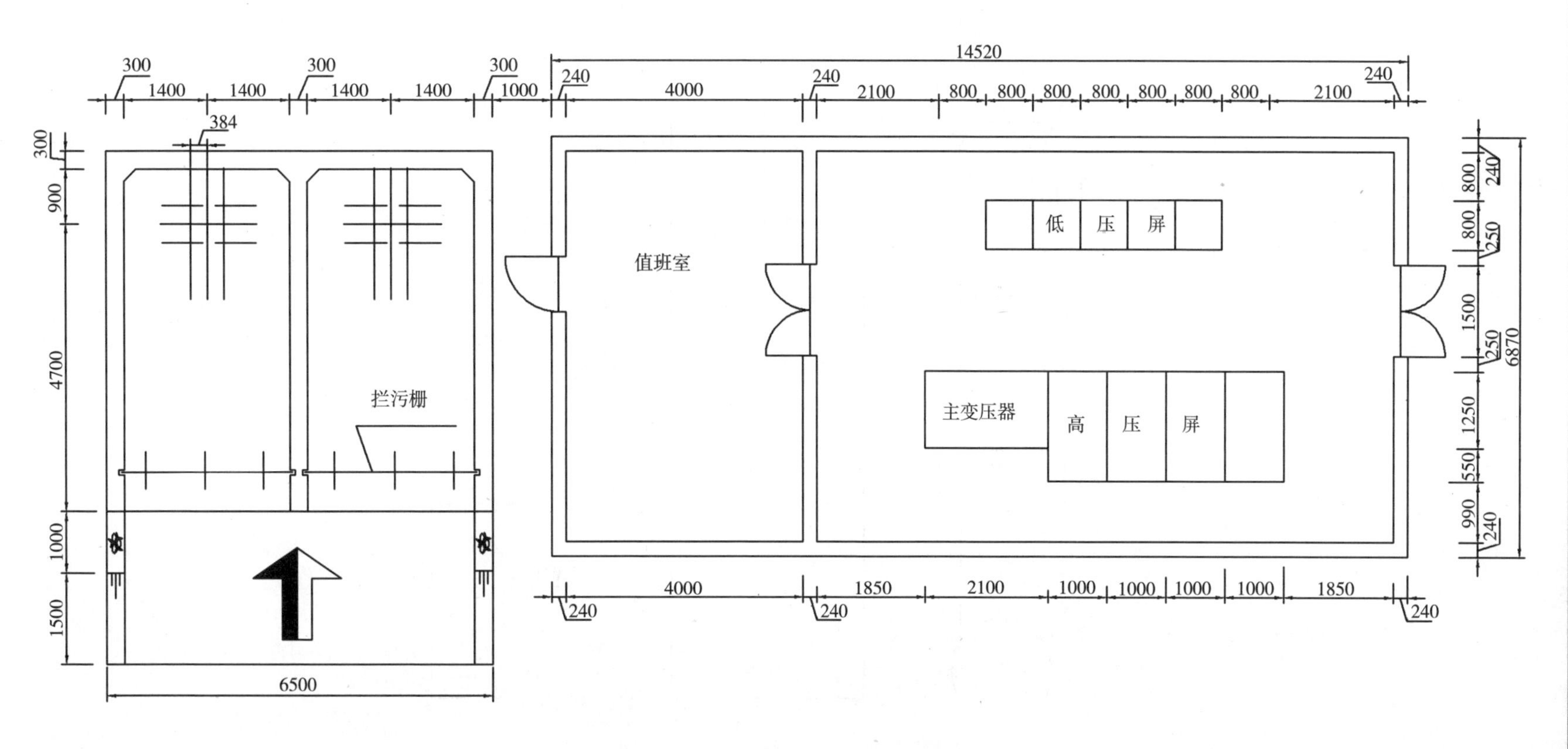

图 5-9　水泵站电气平面图

5. 3. 2 常用水泵电气控制电路图

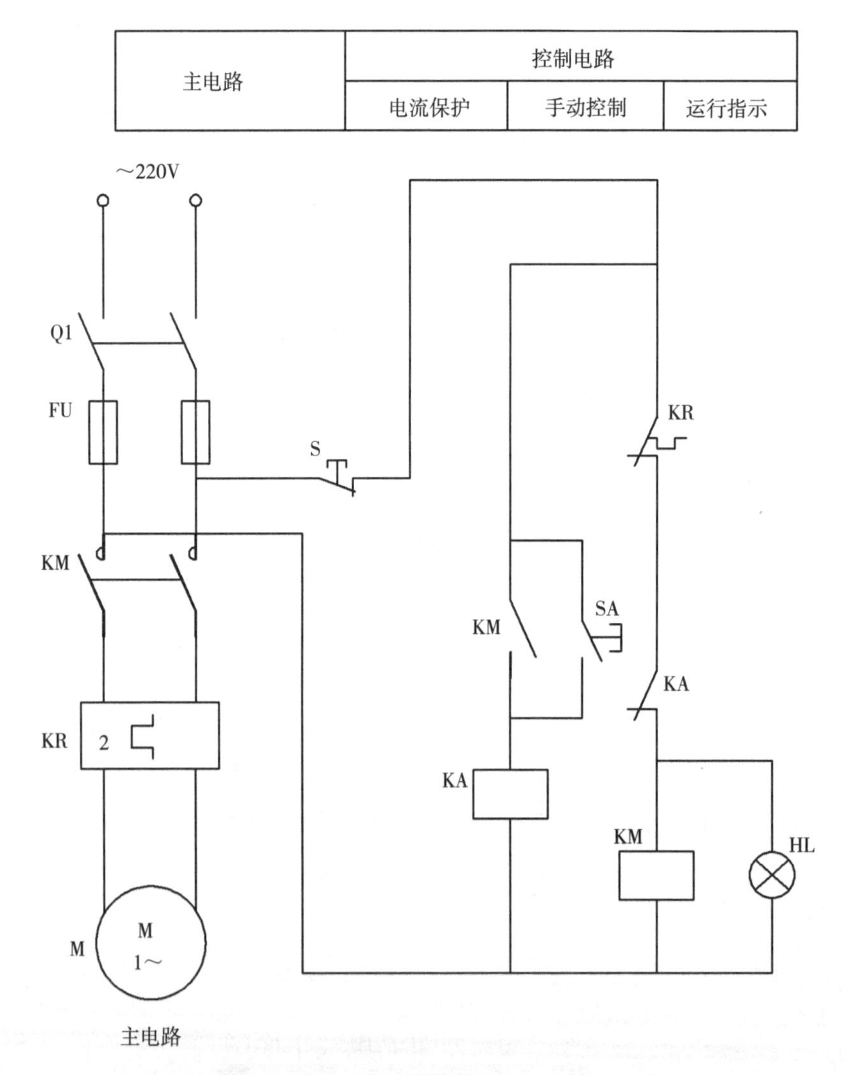

图 5-10 单相水泵控制电路原理图

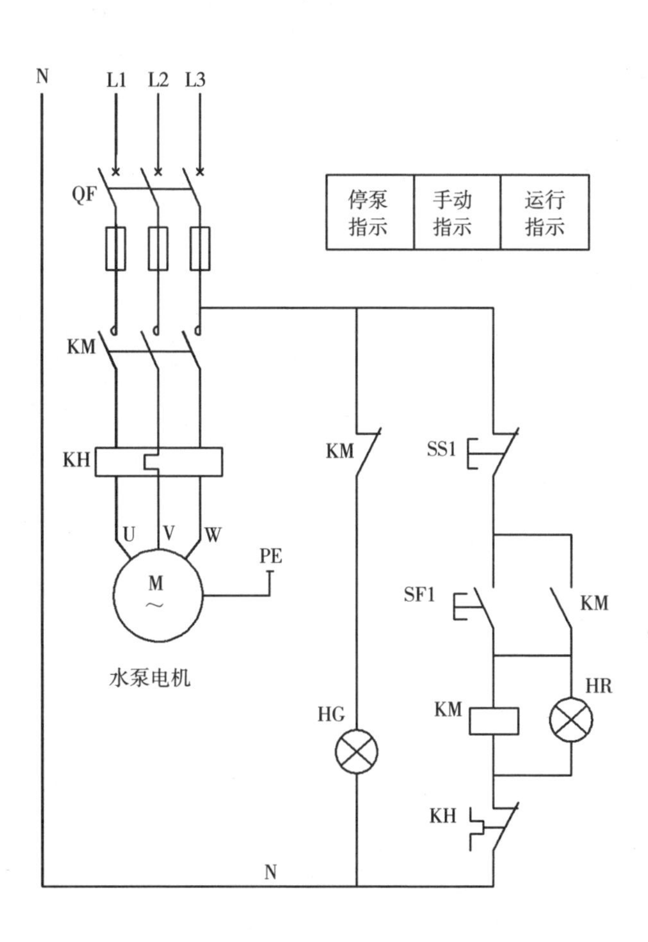

图 5-11　三相水泵控制电路原理图

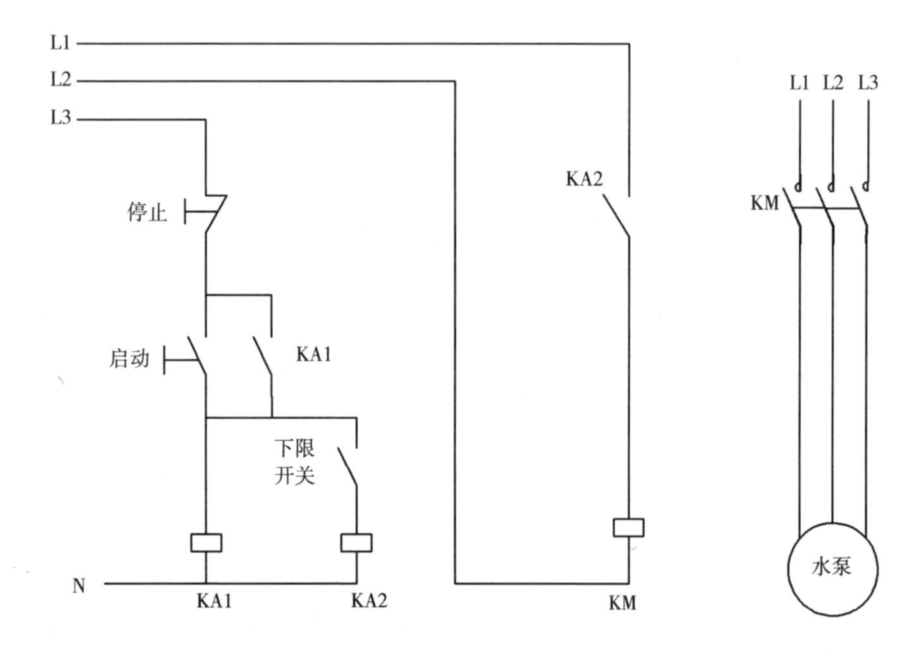

注：水位低于下限时，开启水泵。

图 5-12　水泵水位控制电路原理图

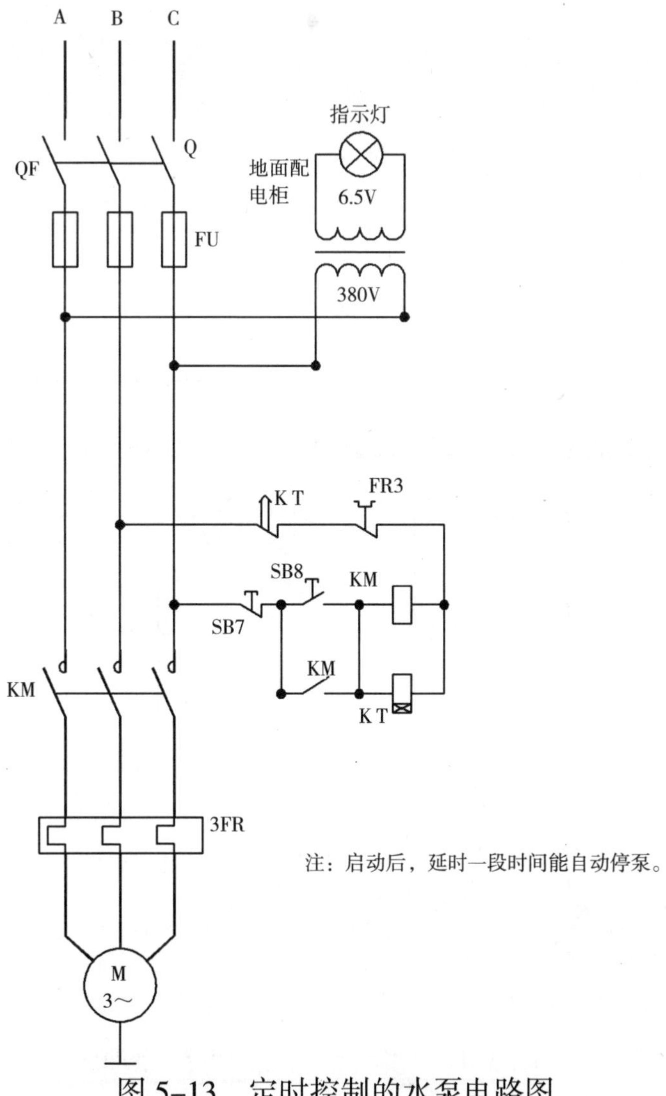

注：启动后，延时一段时间能自动停泵。

图 5-13　定时控制的水泵电路图

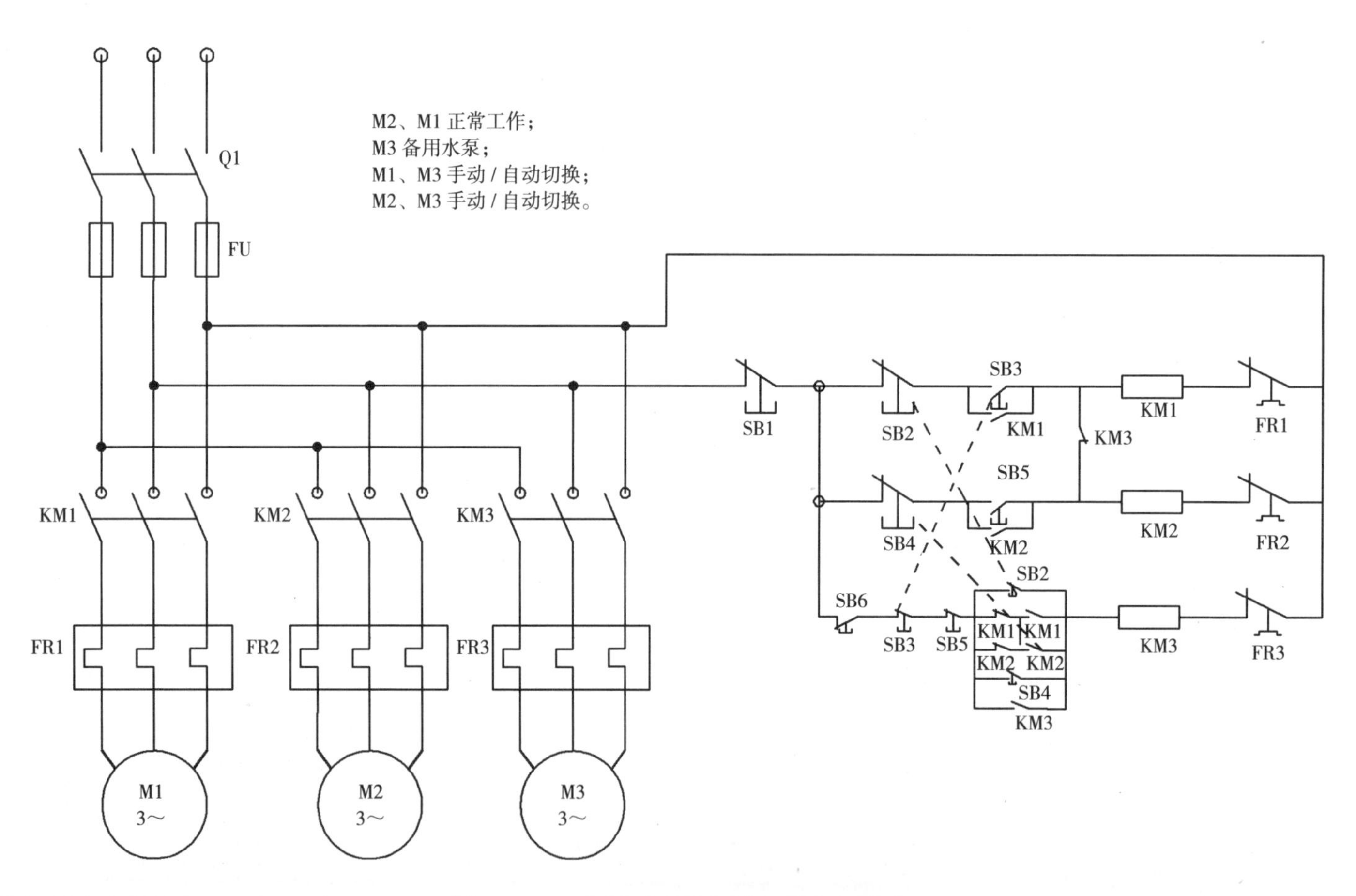

图 5-14　多机水泵控制电路原理图

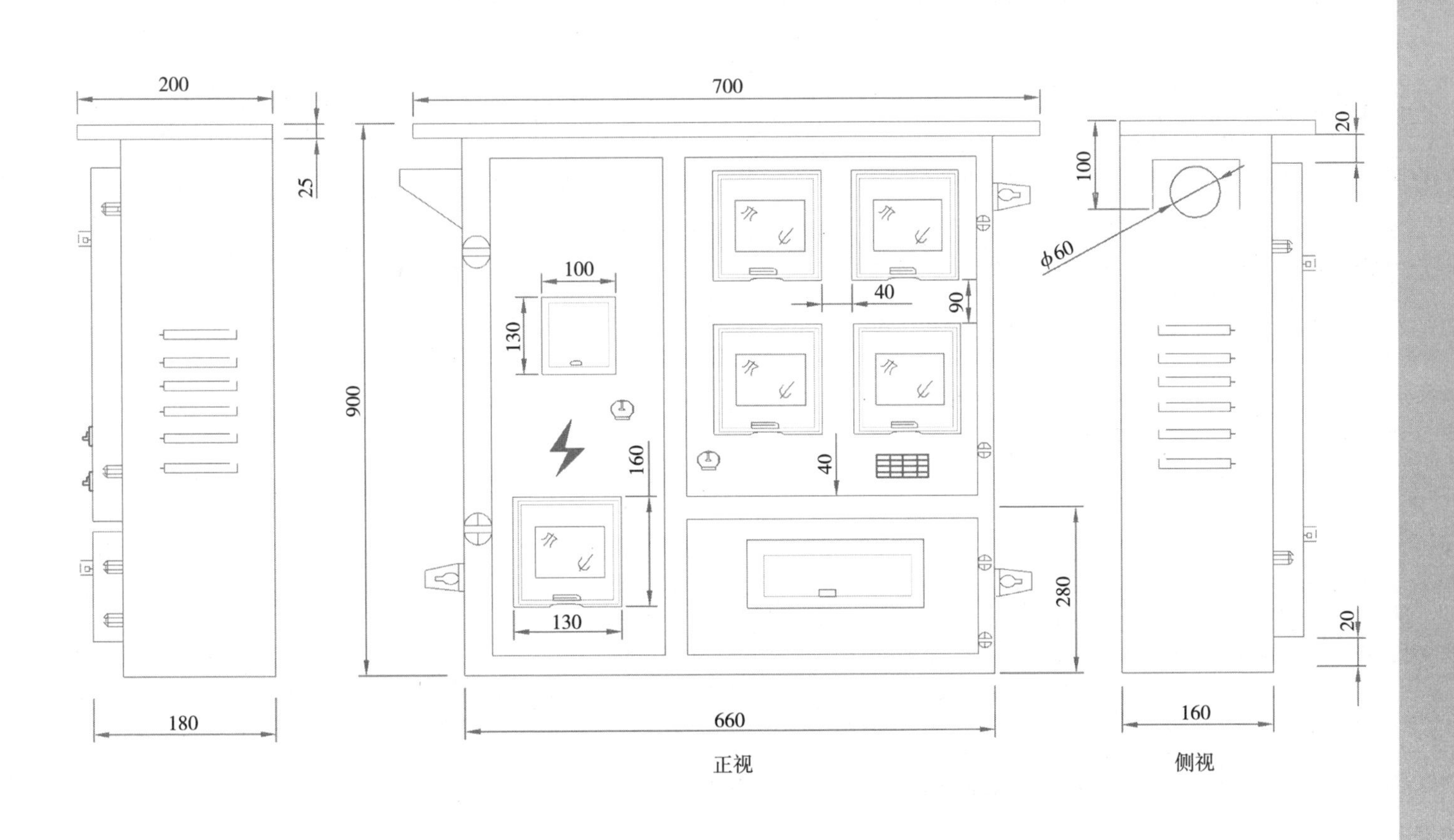
200
25
180
700
900
100
130
160
130
40
90
40
660
280
100
20
ϕ60
20
160
正视
侧视

第六章　新农村民宅用电系统图

6.1　概述

6.1.1　依据

根据《通用用电设备配电设计规范》GB 50055—2011。

6.1.2　内容

1. 导线的选择

（1）进户线的选择　进户线按每户用电量及今后发展的可能性选取。每户用电量为4～5kW，电表为5（20）A，进户线为BV-3×10mm²；每户用电量为6～8kW，电表为15(60)A，进户线为BV-3×16mm²；每户用电量为10kW，电表为20(80)A，进户线为BV-2×25mm²+1×16mm²。

（2）户配电箱各支路导线的选择　照明回路为BV-2×2.5mm²，普通插座回路为BV-3×2.5mm²，厨房回路、空调回路均为BV-3×40mm²。

电线截面有1.5mm²、2.5mm²、4mm²、6mm²、10mm²、16mm²、25mm²、35mm²、50mm²等。住宅电气电路一定选用铜导线，因使用铝导线会埋下众多的安全隐患，住宅一旦施工完毕，很难再次更换导线，因此，不安全的隐患会持续多年。

（3）保险丝的选择　根据用电容量的大小来选用，一般是电表容量的1.2～2倍；如使用容量为5A的电表时，保险丝应大于6A小于10A。选用的保险丝应是符合规定的一根，不能以小容量的保险丝多根并用，更不能用铜丝代替保险丝使用。

2. 配线结构

采用低压0.4kV/0.23kV配电系统，空调用电、照明与插座、厨房和卫生间的电源插座应该分别设置独立的回路，除了空调电源插座外，其他电源插座应加装漏电保护器，卫生间应做局部等电位连接。

（1）照明电路　包括照明灯具、开关和断路器。楼梯间灯具选用带玻璃罩的吸顶式灯具，住户内均用普通灯座、吸顶式安装。客厅开关的选择，宜采用多联开关，有条件也可用调光开关或用单联开关及电子开关来控制客厅灯；楼梯间开关用节能延时开关；照明开关必须接在火线上。照明用断路器一般选DZ12系列塑料外壳式断路器。

（2）插座电路　根据住户面积的大小和插座数量，可设置一路或两路普通插座回路，比如住户面积比较大，普通插座数量多、线路长，建议设两个普通插座回路。考虑住户使用方便和用电安全，插座数量不宜少于下列数值：起居室：电源插座4组，空调插座1个；主卧室：电源插座4组，空调插座1个；次卧室：电源插座3组；餐室：电源插座1组；厨房：电源插座3组；卫生间：电源插座1组（每组插座指的是一个单相二孔和一个单相三孔组合）。

（3）空调回路　考虑空调工作的特点，要求空调插座使用一单独回路，且一个空调回路最多只能带两部空调，另外柜式空调必须独占一个回路。

3. 漏电断路器的选择

一般家用的漏电断路器应选用漏电动作电流为30mA及以下快速动作的产品。例如，DZL18-20系列家用漏电开关，适用于交流50Hz，额定电压220V，额定电流20A及以下的单相线路中，作为人身触电保护，也可作为线路、设备的过载、过压保护以及用于防止因设备绝缘损坏，产生接地故障电流而引起的火灾危险等。

购买的漏电断路器应该有安全认证标志，目前，漏电断路器只要带有长城认证标志（CCEE）或CCC认证标志，均认为符合规定要求。

4. 电能表选择

（1）选购电能表时，要使电能表允许的最大总功率大于家中所有用电器的总功率，而且还应留有适当的余量。

(2) 选购电能表先要注意型号和各项技术数据。在电能表的铭牌上都标有一些字母和数字，如“DD862，220V，50Hz，5(20)A，1950r/kW·h……”其中DD862是电能表的型号，DD表示单相电能表，数字862为设计序号。一般家庭使用就需选用DD系列的电能表，设计序号可以不同。

5. 弱电电路

(1) 电话　农村采用传统的四芯电话线电缆，从分线盒引出四芯电话线电缆沿着屋外墙或屋檐至每户家庭用户。由分线箱引出两对线、穿PVC管暗设到住户客厅和主卧室的电话插座。

(2) 电视　用分支器和同轴电缆传输分配电视模拟信号，从分支器引出同轴电缆沿着屋外墙或屋檐进入每个家庭用户。布线为穿管暗设，内设转线盒，距地0.5～1.8m，一般以0.5m为好。

(3) 网络　采用电信的宽带，电话线电缆进入家庭用户后，接分支器并联分为两路，一路作电话信号用，另一路作宽带信号用。使用PVC走线，尽量选择墙壁内走，如果没办法就只能走地板、地砖下了，不过一定要注意地板的放置位置。每个PVC管最好只穿2根网线，最多不超过3根（针对6分管而言）；强弱电的管子最少相距150mm。

6.2　户表计量箱的安装图

6.2.1　安装说明

1. 计量箱种类

居民户表计量箱

2. 使用环境条件

(1) 海拔高度：≤2000 m；

(2) 环境温度：-55℃∽+55℃；

(3) 相对湿度：≤95%（在25℃时）；

(4) 安装方式：户外壁挂安装，距地面2～2.5m安装；

(5) 污秽等级：Ⅲ级；

(6) 防护等级：不低于IP54。

3. 技术参数

(1) 额定电压：250V/400V；

(2) 额定电流：100～225A。

4. 箱体结构

箱体分为三个部分，即计量室、进线开关室和出线开关室。

(1) 计量室　可安装相应数量机械电能表（DD862型等）、CPU预付费电能表、费控智能电能表、同时预留公用电能表。在打开插卡观察门后，可插卡取电，翻阅电能表读数等。在插卡观察门对应每块电能表玻璃窗开观察孔，观察孔装有机玻璃，有机玻璃四周涂抹高级玻璃胶，防止雨水、尘土侵入。

(2) 进线开关室　安装计量箱电源控制开关；设置进线电缆、防雨罩固定装置。

(3) 出线开关室　每块电能表出线安装分户控制开关；安装机械锁门鼻和防雨罩。

5. 箱体材料

选择冷轧不锈钢材料制作箱体。

6. 主要配置

(1) 电能表进线配隔离开关1个（160A），出线配微型断路器1个。

(2) 进线隔离开关主要技术指标

级数：1P（三相）；额定电压：230V；额定绝缘电压：500V；额定工作电流：160A；额定频率：50Hz；额定短时耐受电流：$12I_e$(通电时间为1s)；额定短路接通能力：$20Ie$(通电时间为0.1s)；额定接通与分断能力：$1.05U_e$、$1.5I_e$、$\cos\phi=0.95$；机械寿命：8500次以上。

3. 微型断路器主要技术指标

极数：1P+N；额定电压：230V；额定绝缘电压：500V；额定电流：60A；额定短路分断能力 6kA 以上；工作寿命：机械寿命 2 万次以上，电气寿命 6000 次以上，分励脱扣寿命 4000 次以上；瞬时脱扣特性：C 型；工作范围：(70%～110%)Ue；具有短路速断和过载保护功能。

表 6-1　　4 表位居民计量箱的主要配置

		4 表位居民计量箱			
板材	箱体		1.5mm 厚冷轧不锈钢钢板		
	门		1.5mm 厚冷轧不锈钢钢板		
	背板		1.5mm 厚冷轧不锈钢钢板		
	防水檐		1.5mm 厚冷轧不锈钢钢板		
	电流回路		ZRBV-6		
	公用回路		ZRBV-25		
空开下引电源要求			自空开下端分别采用 25×4 铜排与出线端子锡焊接后铜排套上绝缘套		
供电方式		单相二线	单相二线		
开关	进线开关	三相	160A 空气开关	160A 空气开关	DZ20L-4300/225
	出线开关	单相	40A 空气开关	40A 空气开关	CDB3LE-40A
	公用开关	单相	40A 空气开关	40A 空气开关	CDB3LE-6A

说明：1. 配置智能电能表控制逻辑是：正常工作时，电能表内部继电器闭合，电能表内部开关输出 220V 电压，允许用户用电；当满足控制条件时，内部继电器断开，开关输出 0V，切断用户用电。

2. 表计、开关安装全部采用安装面板安装，表计、开关安装面板可采用 1.2mm 厚冷轧不锈钢钢板，固定表计、开关安装面板螺栓采用：4、6 表位居民计量箱 M8×70 不锈钢全扣螺栓；8、12 表位居民计量箱 M10×70 不锈钢全扣螺栓。

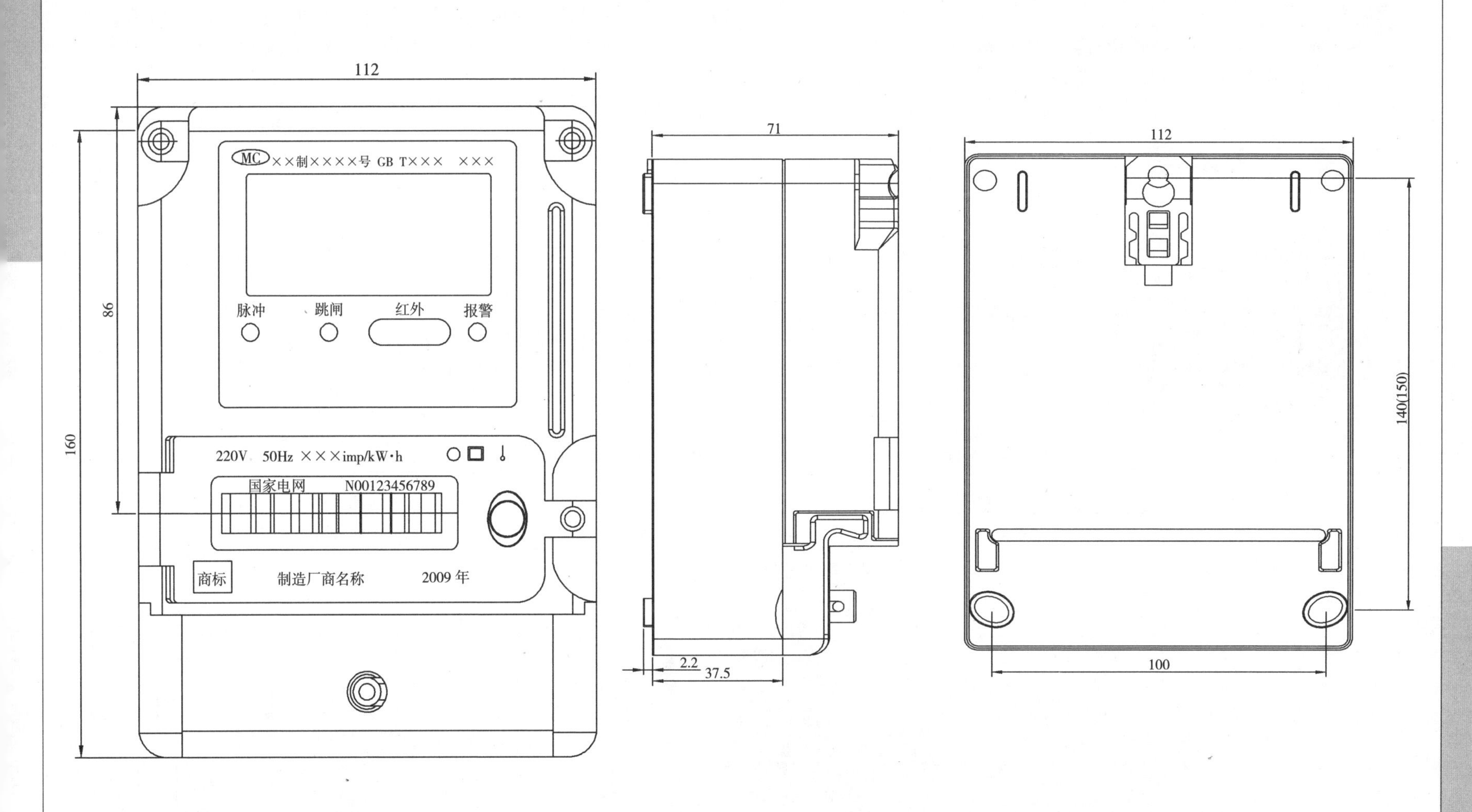

图 6-1　单相电能表主视图

图 6-2　单相电能表侧视 / 后视图

漏电断路器

漏电断路器是一种基本的低压电器，当人身触电或设备漏电时，漏电断路器能迅速分断故障电路，保护人身和设备的安全，同时还具有过载及短路保护的作用。对家用电器较多的居民住宅，最好安装在进户电能表后。目前农村常用的 DZ15L 型漏电断路器，适用于交流电压 380V、电流 10～100A、配电变压器中性点直接接地的系统中。

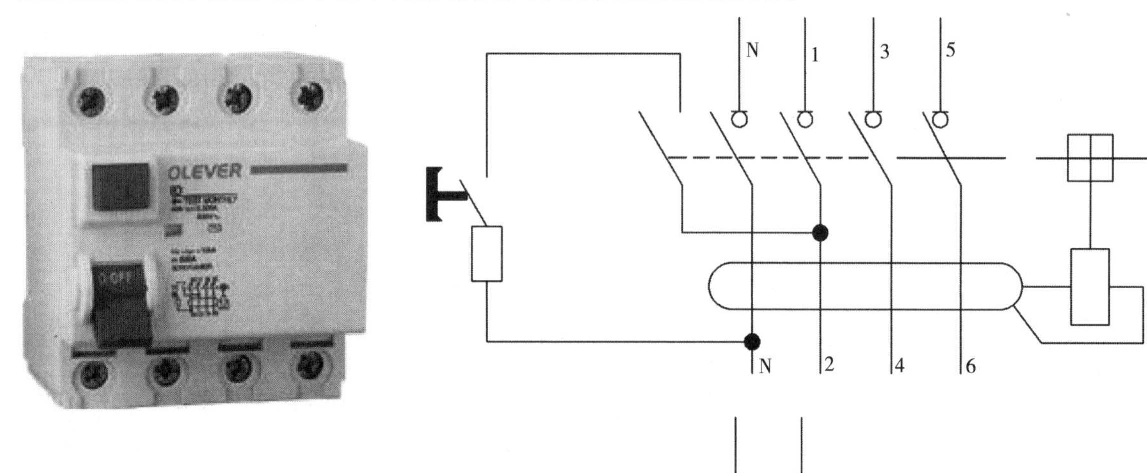

图 6-3 三相漏电断路器

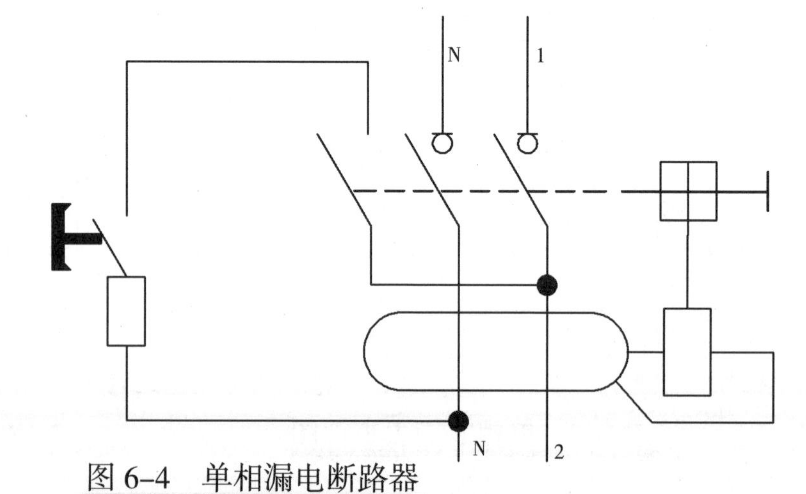

图 6-4 单相漏电断路器

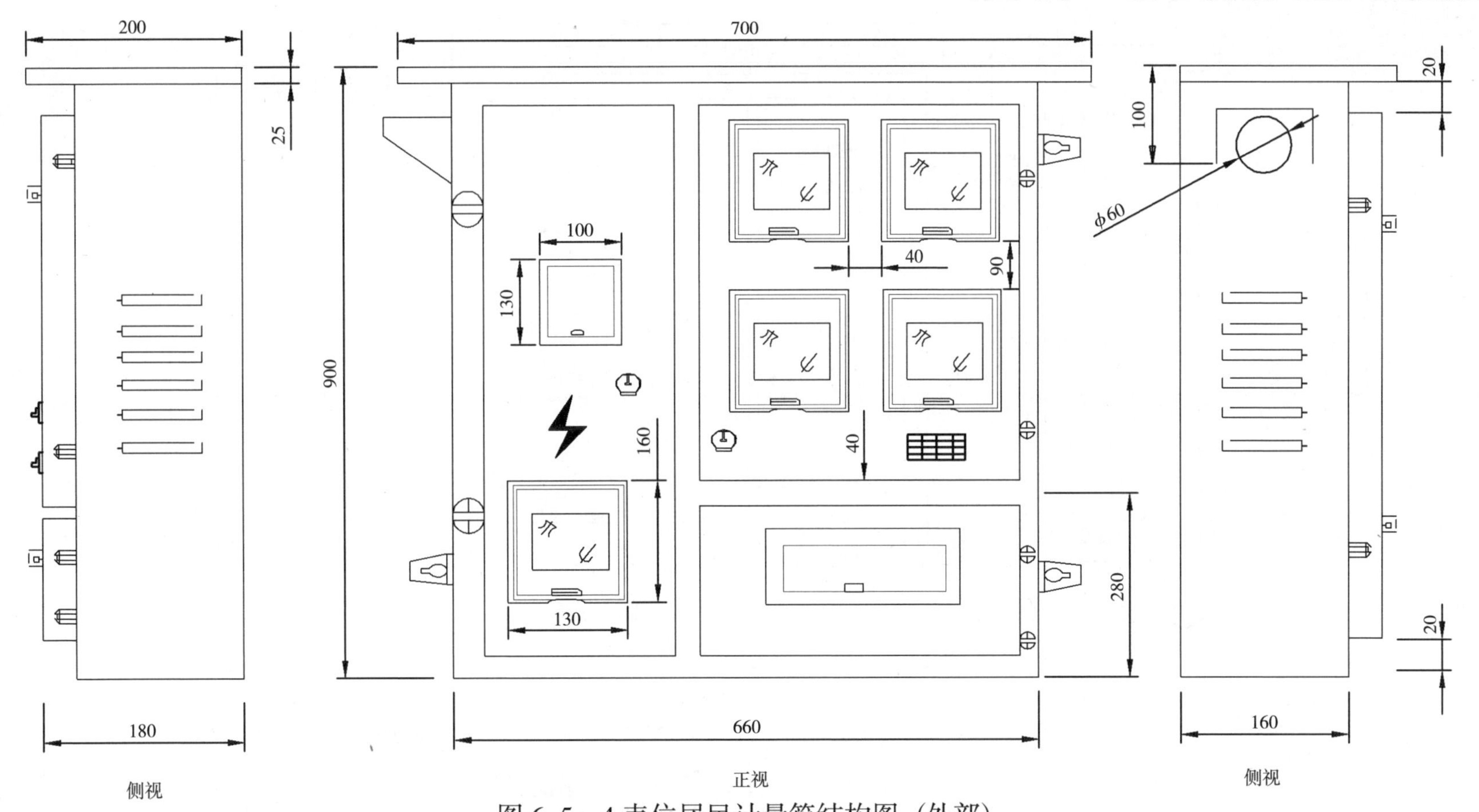

图 6–5　4 表位居民计量箱结构图（外部）

说明：1. 主体外形尺寸（宽 × 高 × 深）：660mm × 900mm × 165mm；

2. 材料：箱体 2.0mm 厚冷轧不锈钢板；

3. φ10 ~ 12 不锈钢门轴；接地螺栓 M8；

4. 进 / 出线开关手柄外漏可操作；

5. 电能表安装孔套扣，配 M4 螺丝，进出线孔、电能表穿线孔和过线孔套橡胶圈（或橡胶条）。

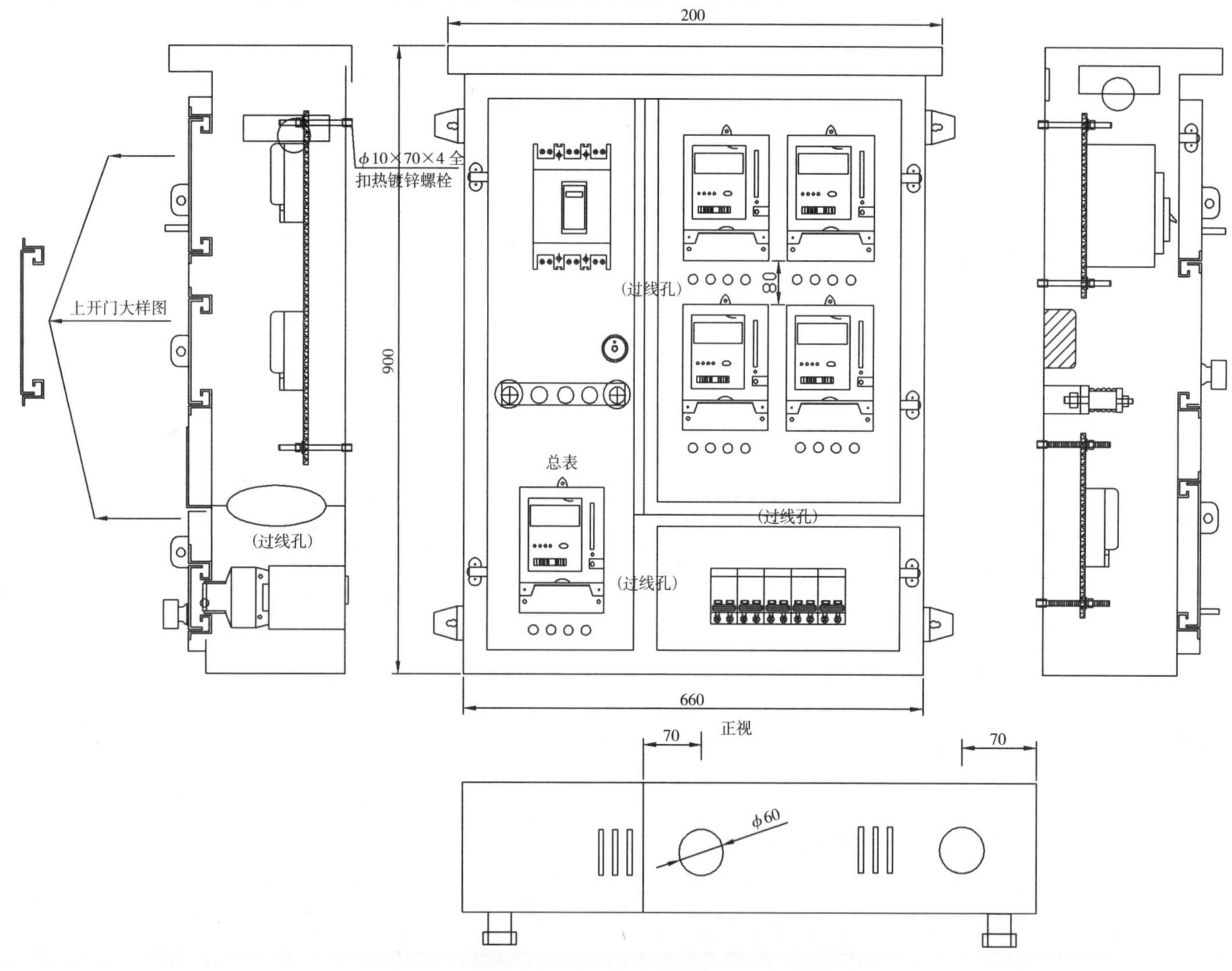

图 6-6 4 表位居民计量箱结构图（内部）

6.3 2层民宅电气图

电气图说明

1. 施工说明

(1) 采用单相电源50Hz，三级负荷，使用电压为220V，由附近配电房引入底层AL1计量配电箱，接地线采用TN-C-S系统，入住户中线（PEN线）做重复接地。

(2) 室内导线为BV-0.45kV/0.75kV型，室内配线均为暗设，均穿管在墙体内、吊顶内、现浇板内或埋地敷设。

(3) 配电箱的安装高度距地面1.5m暗装，配电箱用成套品，符合国家有关技术规定和要求。

(4) 插座除注明外，均距地面高度0.3m安装，空调插座K1距地面高度2.2m安装，空调插座K2距地面高度0.3m安装。

(5) 设有沐浴器的卫生间做局部等电位连接，其间设有插座时应将插座PE线引致局部等电位连接箱LEB，局部等电位连接箱安装高度0.3m。

(6) 建筑做等电位连接，建筑物内下列导体作等电位连接：PE、PEN干线，电气装置接地干线，建筑屋内的水管、煤气管和空调管道等金属管道；上述导体的底层MEB的总等电位连接箱、中等电位连接箱安装高度距地面0.5m。

(7) 电视、电话、信息网络、单元访客可视对讲系统预埋管均穿FPC（表示难燃自熄型塑料管）在墙体内、吊顶内、现浇板内或埋地敷设；电视系统采用邻频传输，用户终端电平为64±4dB。电话、电视、信息网络分配接线箱安装高度距地面1.5m，电视、电话、信息插座距地面高度0.3m。

2. 电气图例以及设备表

表6-2 **电气图例以及设备表**

序号	符号	设备名称	型号规格	备注
1		二孔联三孔防水单相插座	250V/10A（安全型）	带开关，1.5m安装
2	R	热水器三孔防水单相插座	250V/10A（安全型）	带开关，1.5m安装
3		暗装单相插座	250V/15A（安全型）	0.3m安装
4	K1	单相空调器插座	250V/10A（安全型）	壁挂式，带开关，2.2m安装
5	K2	单相空调器插座	250V/15A（安全型）	柜式，带开关，0.3m安装
6		暗装单级开关	250V/15A	1.3m安装
7		暗装三级开关	250V/10A	1.3m安装
8		声光控开关	型号自定	1.3m安装
9		花灯	型号自定	吸顶安装
10		吸顶灯	型号自定	吸顶安装
11		照明配电箱	—	1.5m安装
12	MEB	总等电位连接箱	—	0.5m安装
13	LEB	局部等电位连接箱	—	0.3m安装
14	ADD	住户弱电综合配线箱	型号自定	型号自定
15	TV	电视插座	型号自定	0.3m安装
16	TD	电话插座	型号自定	0.3m安装
17	TP	信息插座	型号自定	0.3m安装
18		暗装单眼双控开关	250V/10A	0.3m安装
19	CO	换气扇	型号自定	吸顶安装

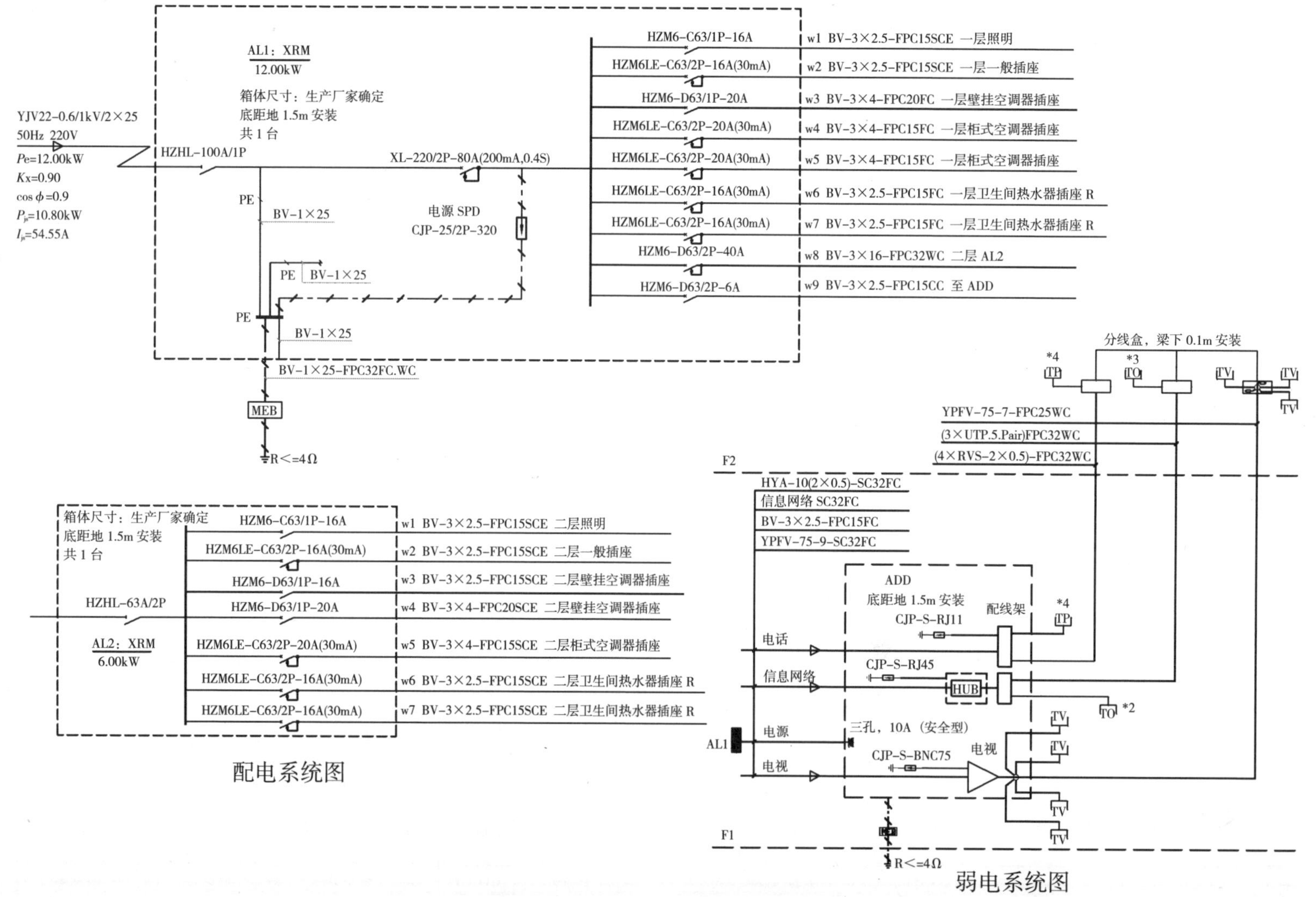

图 6-7 主人用房配电系统图

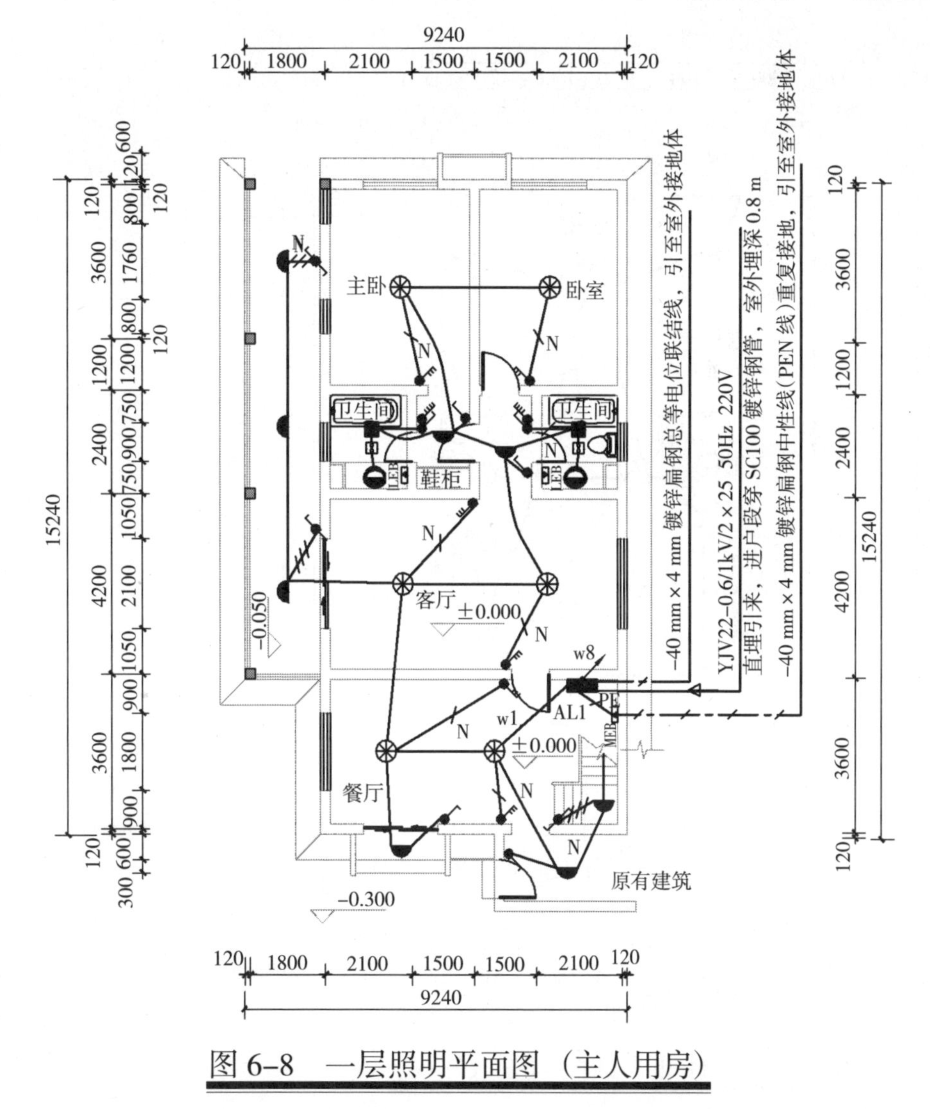

图 6-8　一层照明平面图（主人用房）

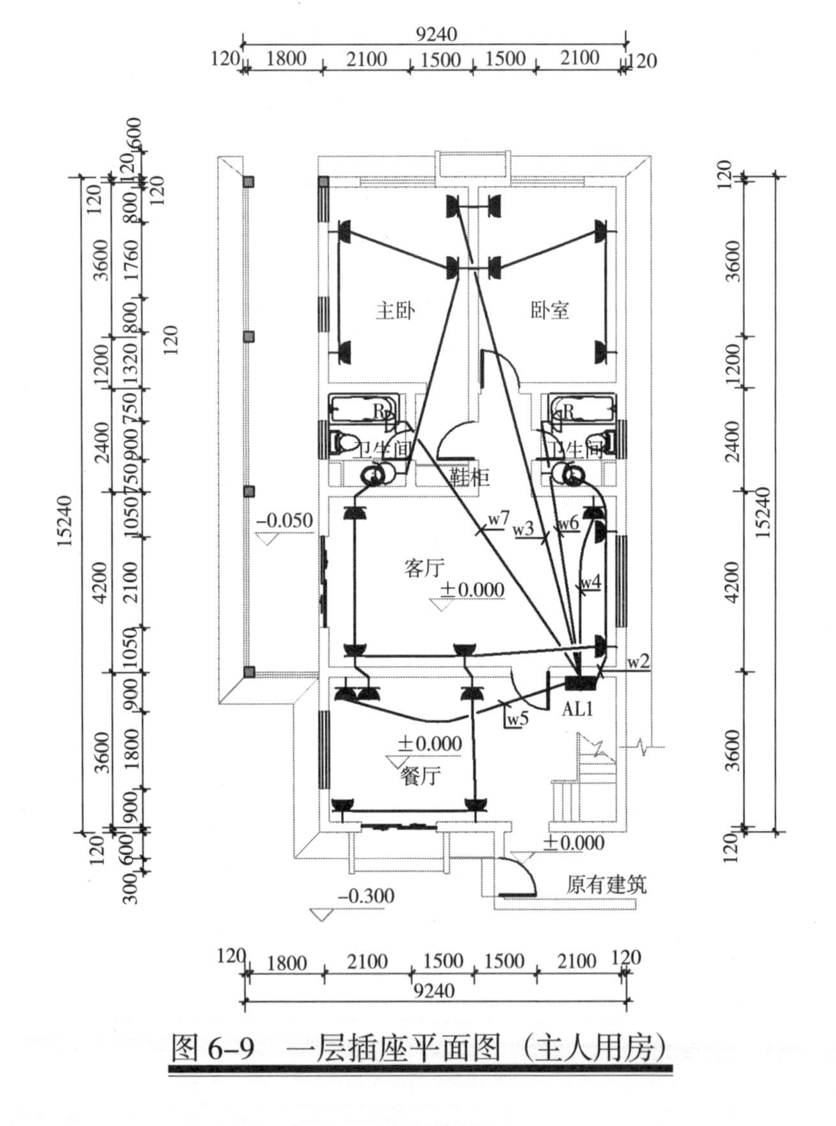

图 6-9　一层插座平面图（主人用房）

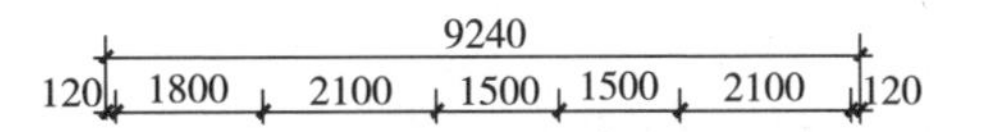

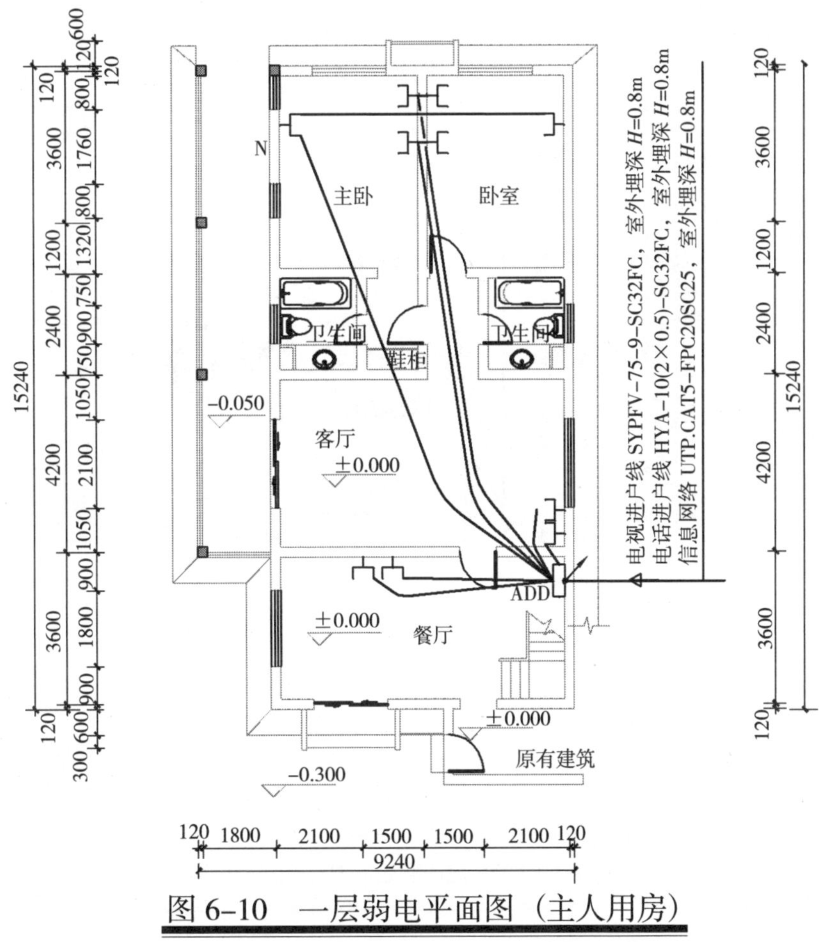

图 6-10　一层弱电平面图（主人用房）

说明：

1. 电话 1×RVS-2×0.5-FPC15FC，2×RVS-2×0.5-FPC20FC；
2. 电视：1×SYPFV-75-5-FPC20FC，2×SYPFV-75-5-FPC25FC；
3. 信息网络：1×UTP. CAT5-FPC20FC，2×UTP. CAT5-FPC25FC。

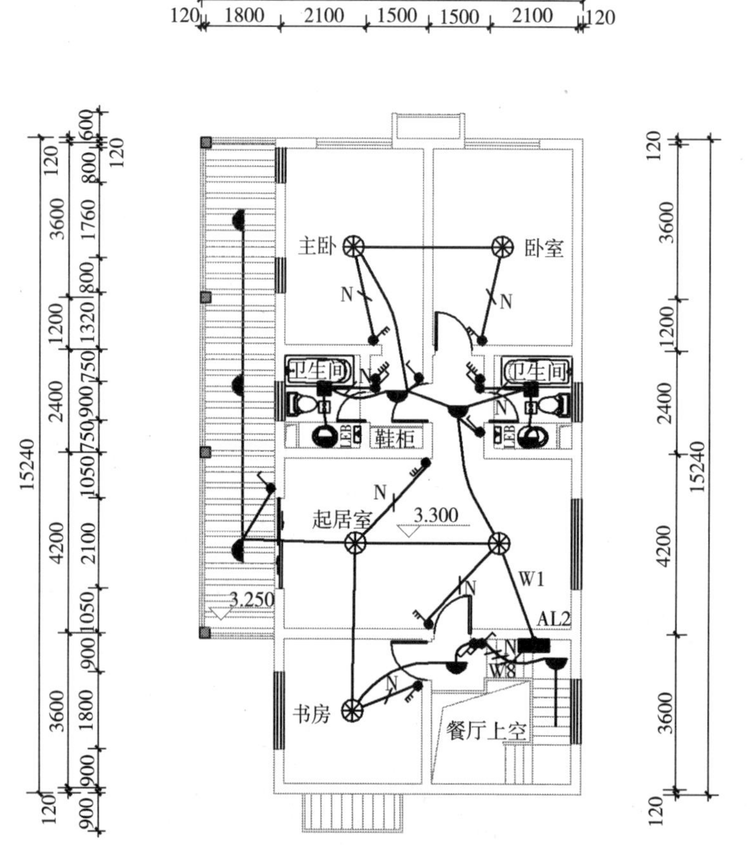

图 6-11　二层照明平面图（主人用房）

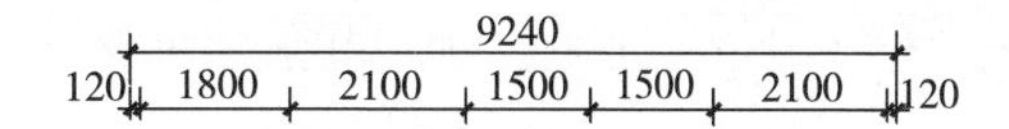

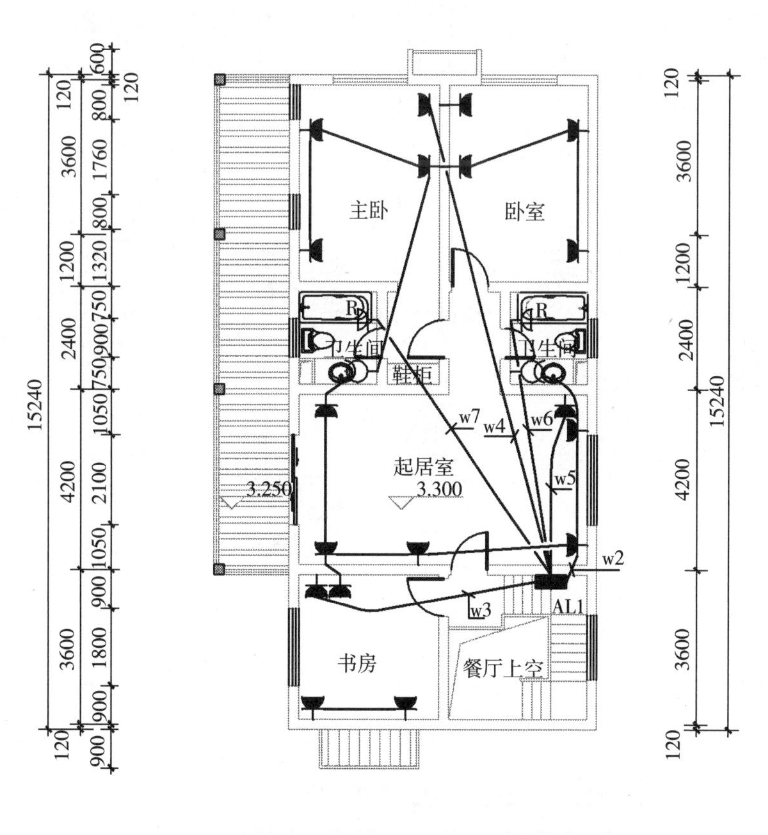

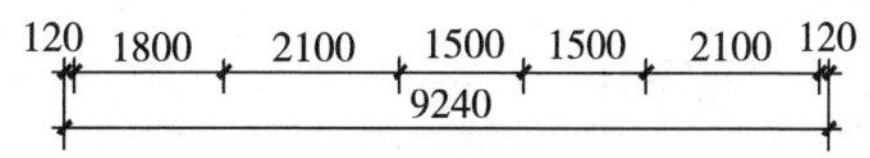

图 6-12　二层插座平面图（主人用房）

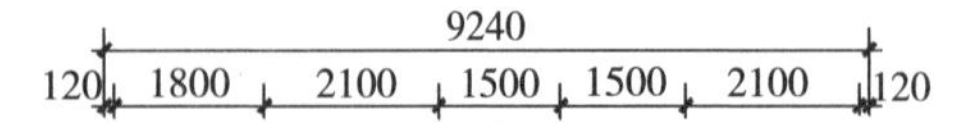

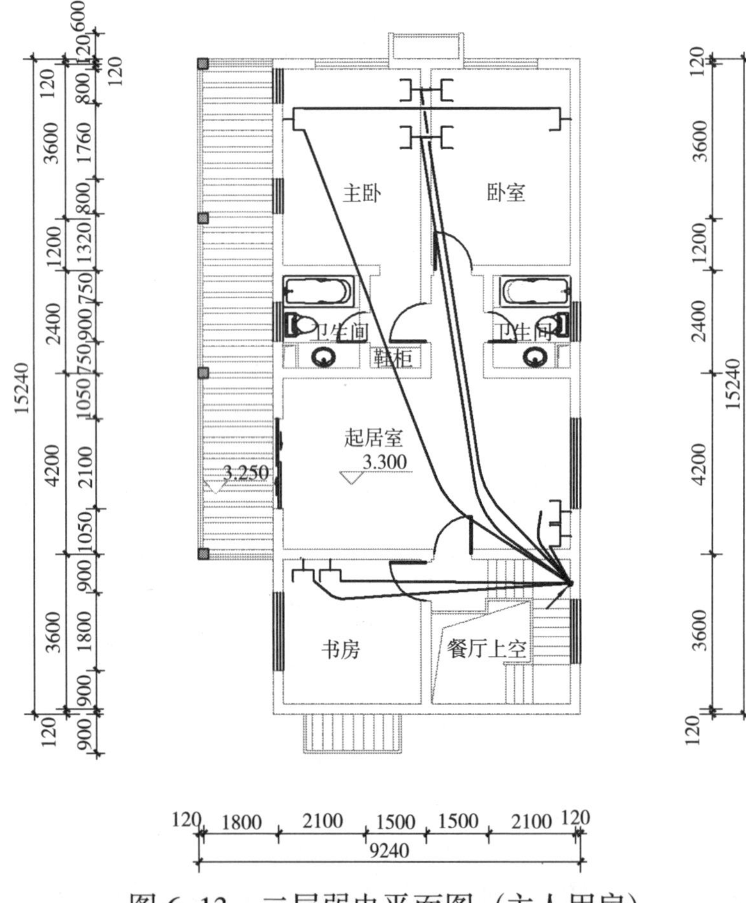

图 6-13　二层弱电平面图（主人用房）

说明：1. 电话 1×RVS-2×0.5-FPC15SCE，2×RVS-2×0.5-FPC20SCE；

2. 电视：1×SYPFV-75-5-FPC20SCE，2×SYPFV-75-5-FPC25SCE；

3. 信息网络：1×UTP. CAT5-FPC20SCE，2×UTP. CAT5-FPC25SCE。

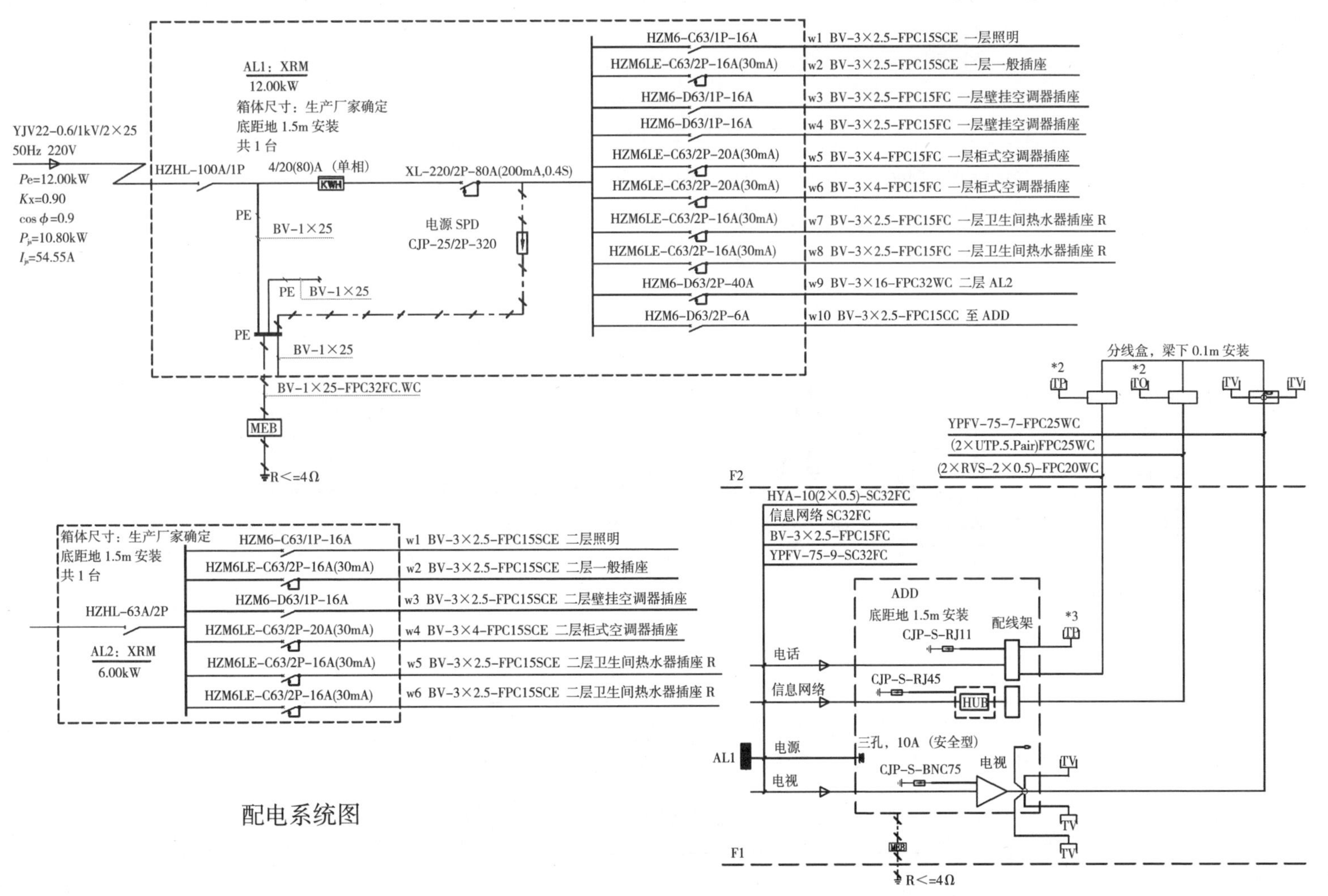

图 6-14 配电系统图（辅助用房）

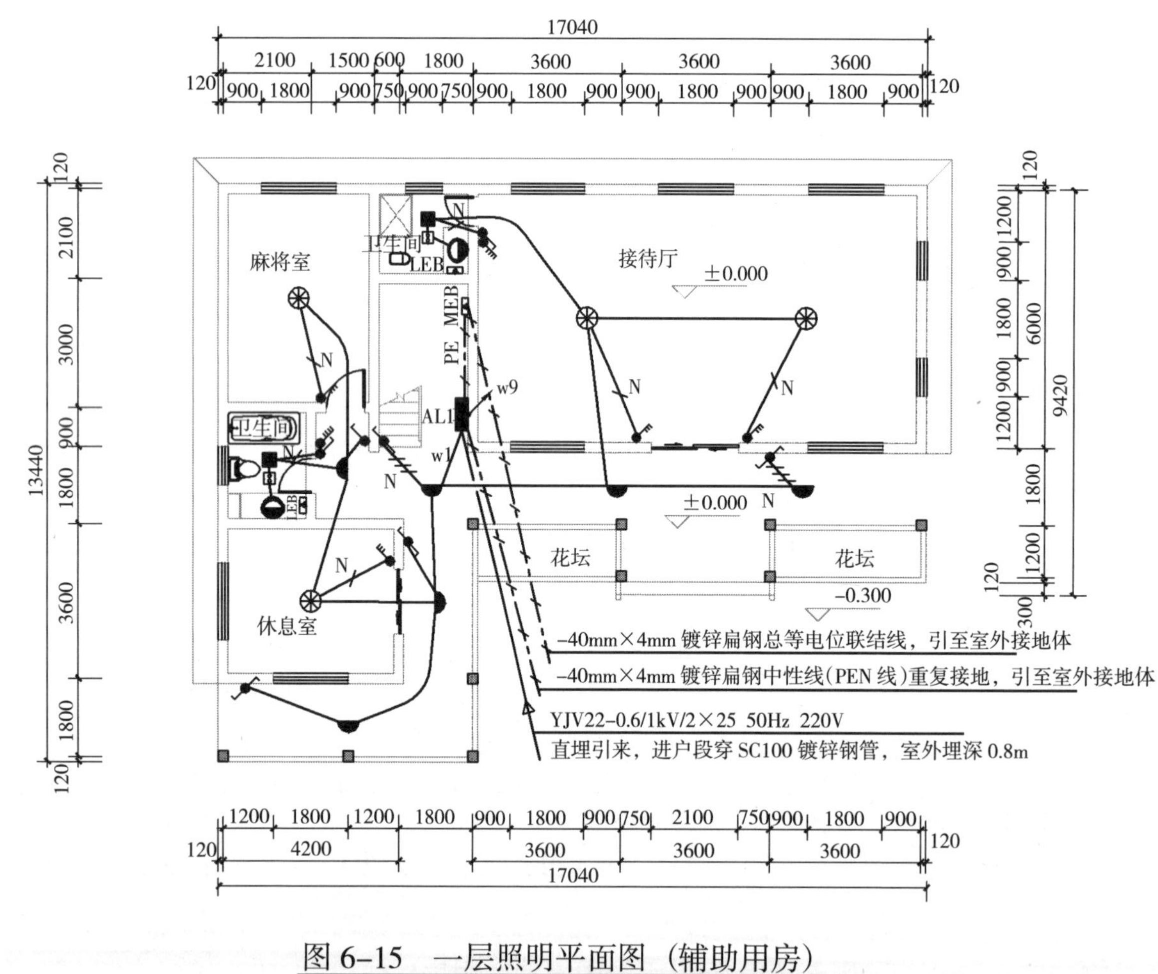

图 6-15　一层照明平面图（辅助用房）

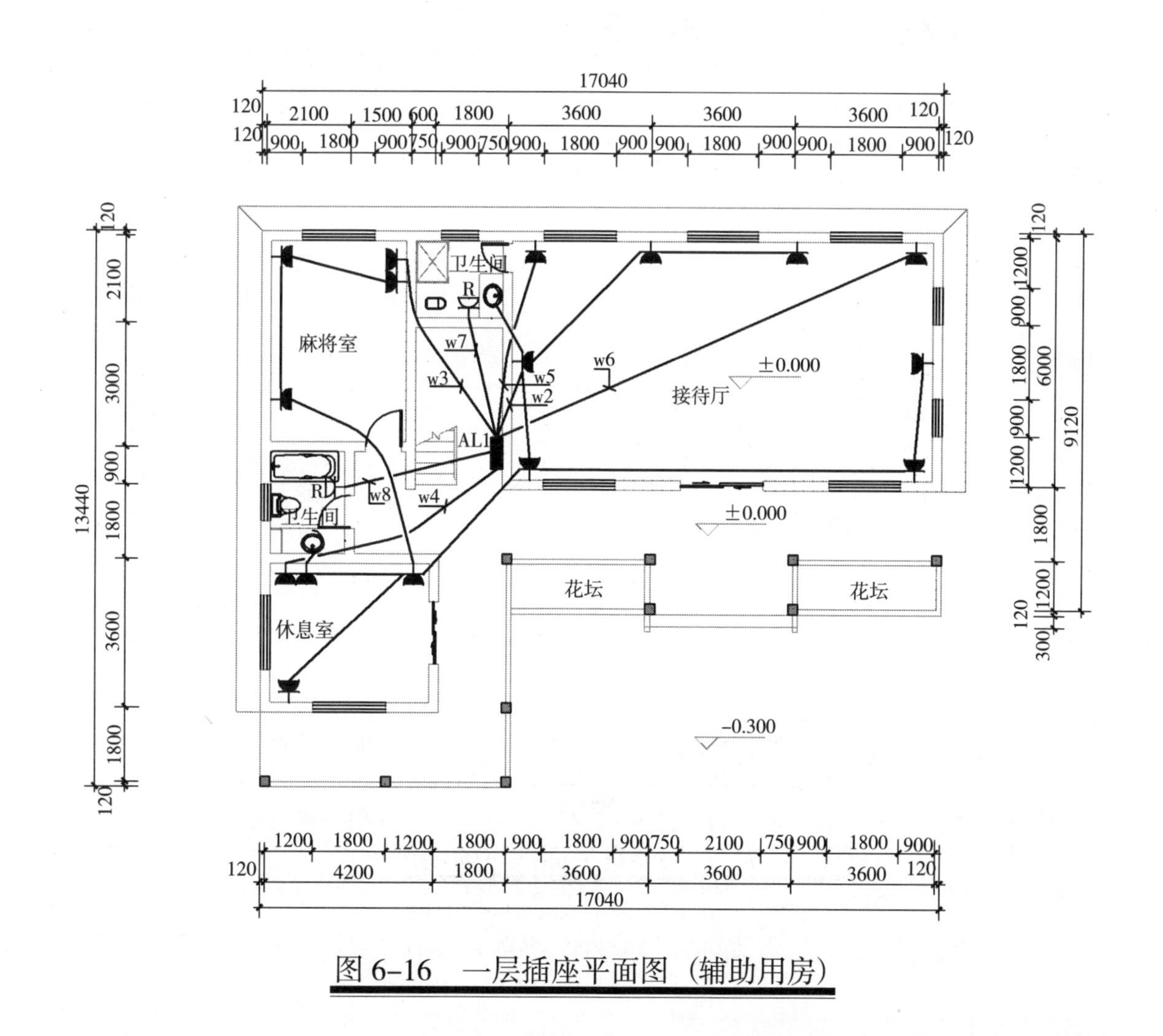

图 6-16　一层插座平面图（辅助用房）

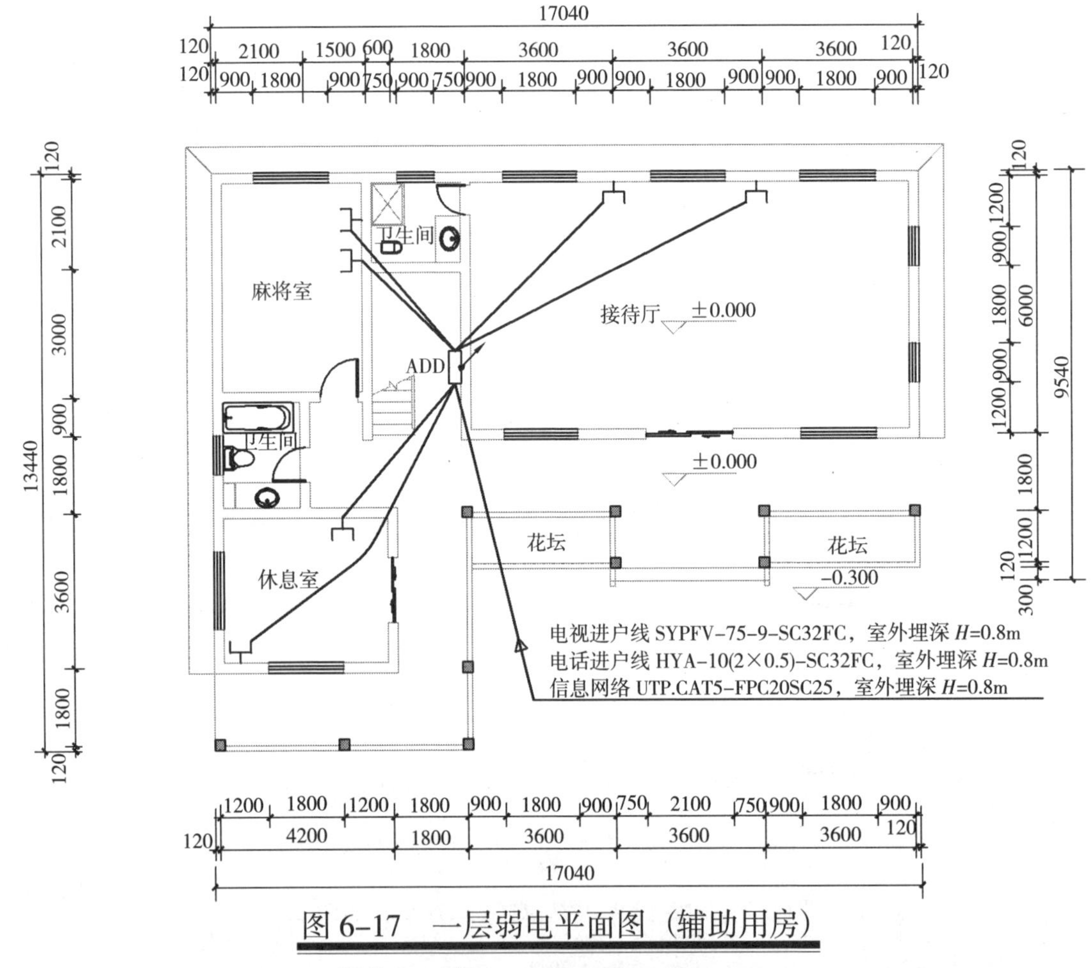

图 6-17　一层弱电平面图（辅助用房）

说明：1. 电话：1×RVS-2×0.5-FPC15FC；
2. 电视：1×SYPFV-75-5-FPC20FC；
3. 信息网络：1×UTP. CAT5-FPC20FC。

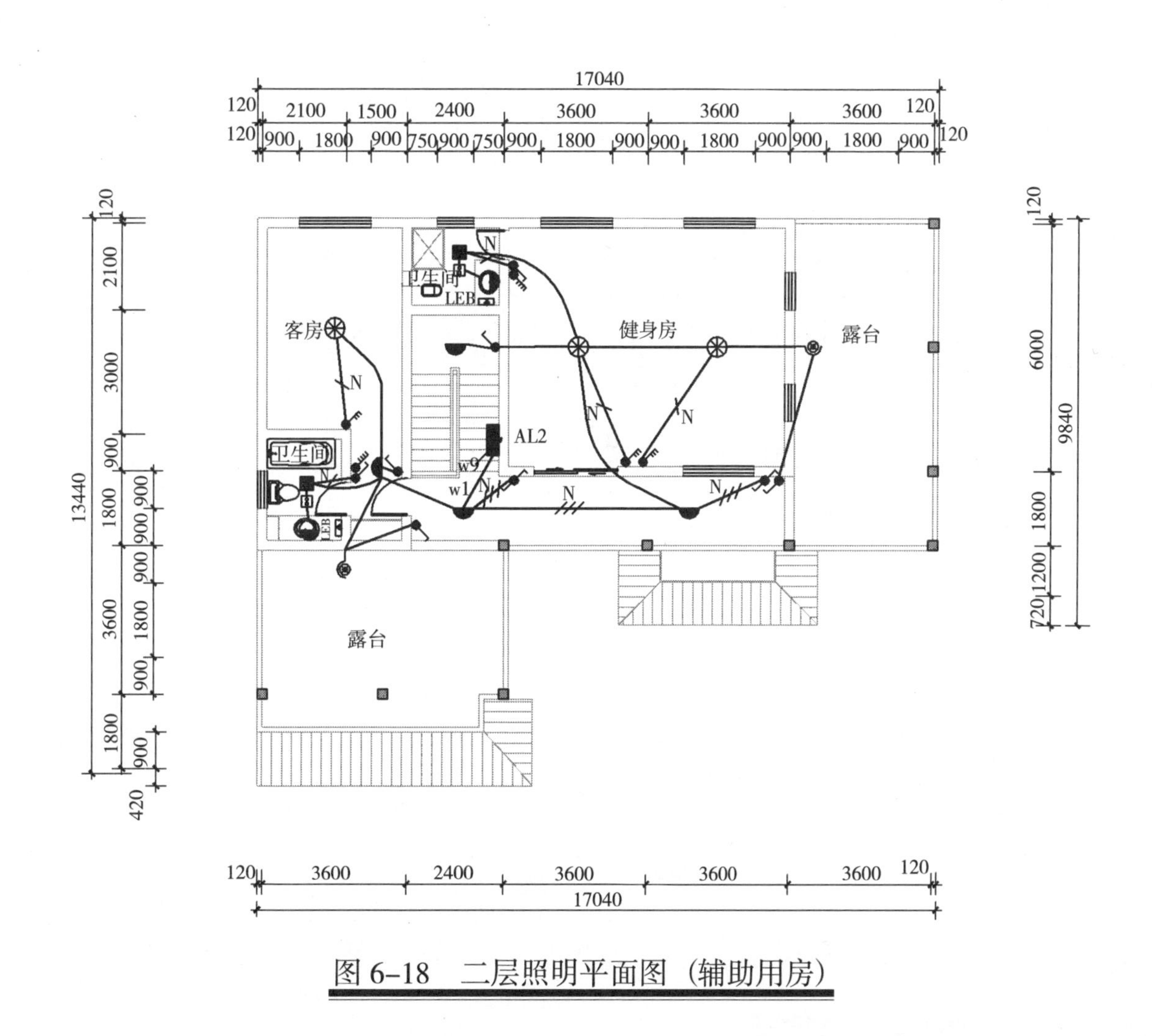

图 6-18 二层照明平面图（辅助用房）

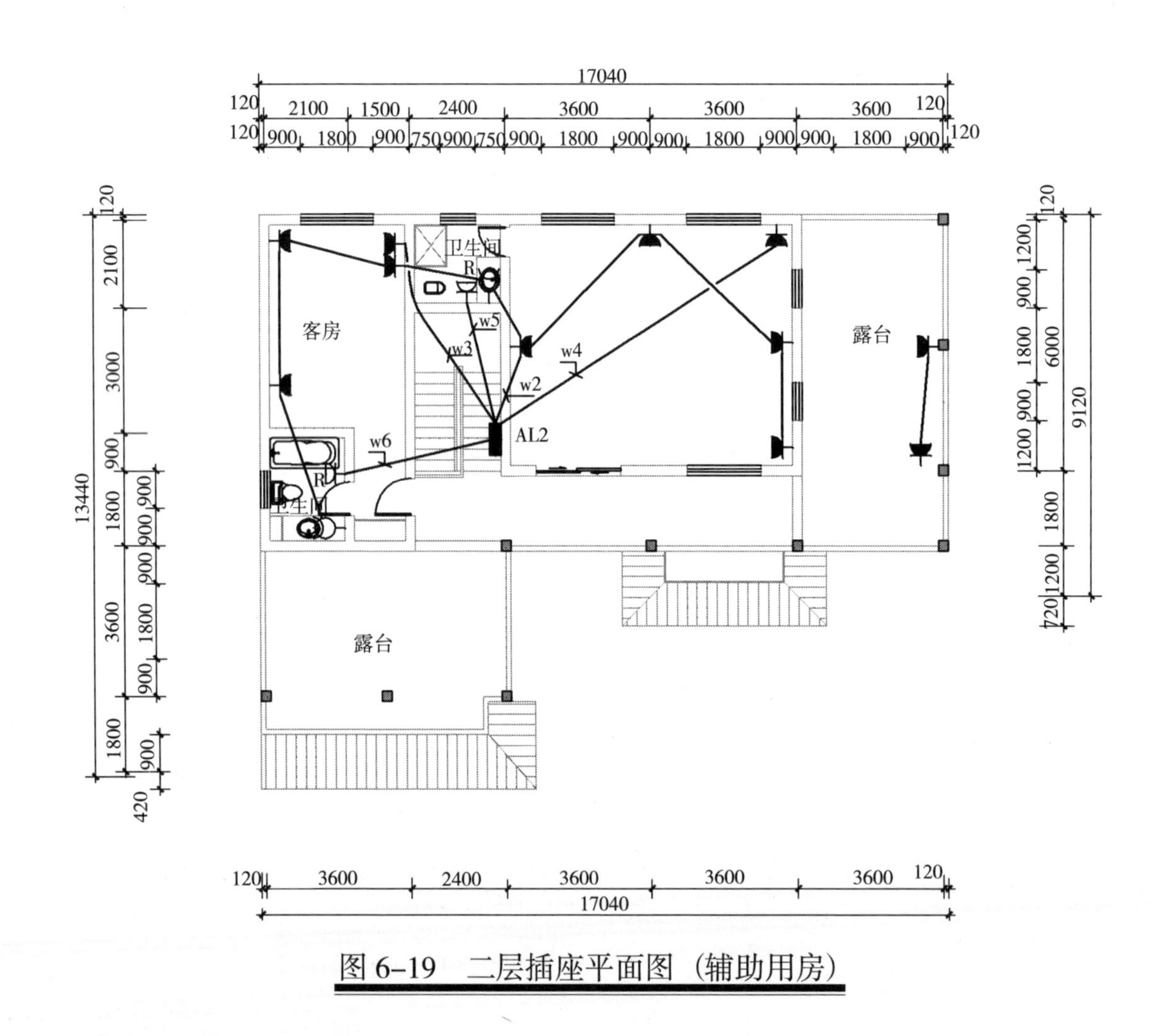

图 6-19　二层插座平面图（辅助用房）

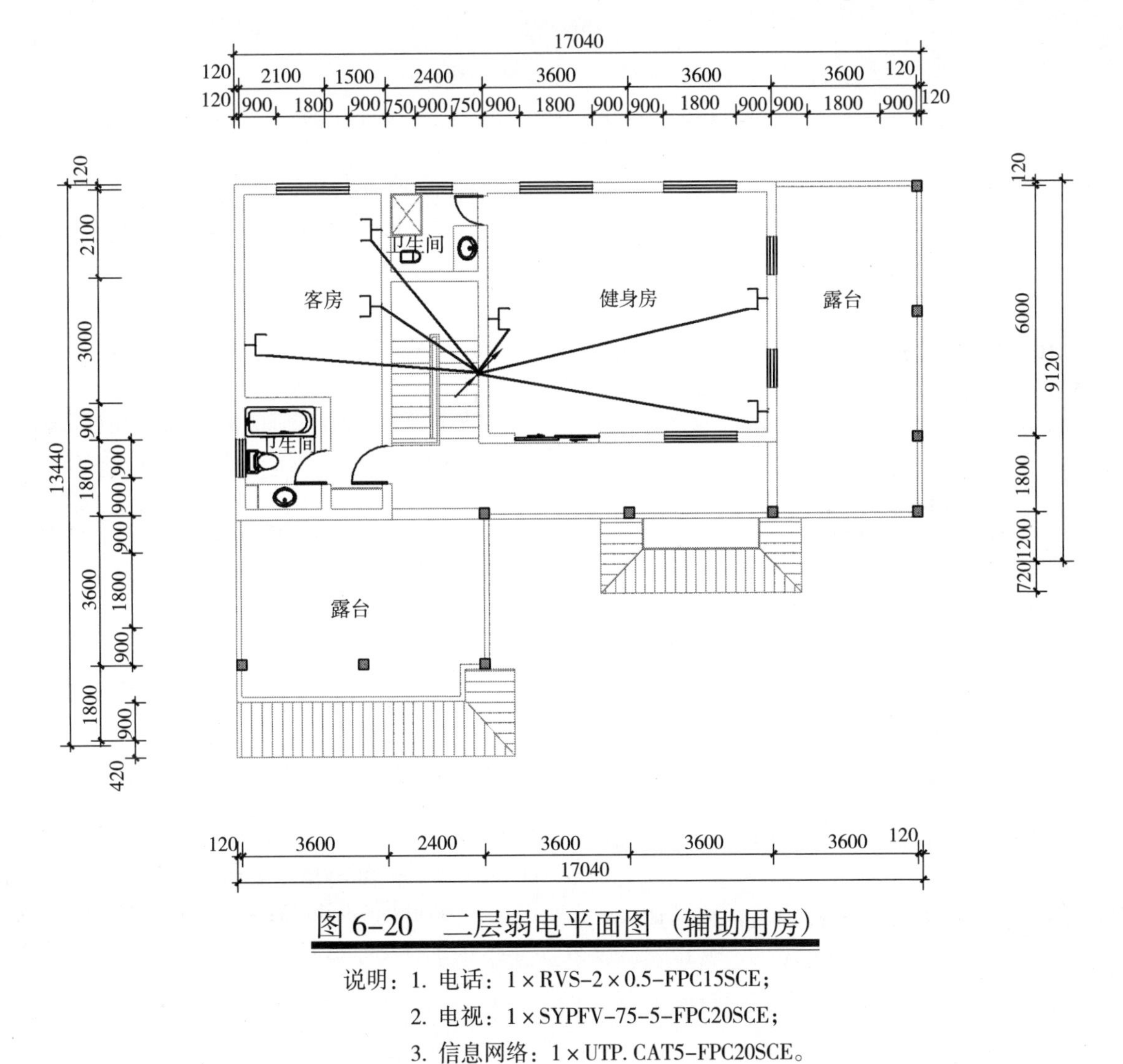

图 6-20　二层弱电平面图（辅助用房）

说明：1. 电话：1×RVS-2×0.5-FPC15SCE；

2. 电视：1×SYPFV-75-5-FPC20SCE；

3. 信息网络：1×UTP. CAT5-FPC20SCE。

6.4 6层民宅电气图

电气图说明

1. 依据

《民用建筑电气设计规范》JGJ16—2008、《建筑物防雷设计规范》GB50057—2010、《低压配电设计规范》GB50054—2011、《供配电系统设计规范》GB50052—2009。

2. 设计范围

(1) 强电系统　从电源引入线起至室内用电设备(装置)处止,包括建筑内部配电线路及动力、照明、配电控制装置,建筑防雷及安全接地系统。

(2) 弱电系统　电视电话系统。

3. 供电设计

(1) 本工程属于三级负荷;电源由室外电缆(埋深0.7m)引入;本工程为TN-C-S系统。

(2) 总进线开关及电器插座回路的空气开关均带漏电开关,总进线漏电开关动作时间为0.3s,插座回路漏电开关动作时间为0.03s。

4. 导线的选择

(1) 导线选用(BV-500普通导线),2根穿φ16mm管,3～4根穿φ20mm管,5～6根穿φ25mm管;

(2) 凡由室外引入室内的电气管线应预埋好穿墙套管,并做好建筑的防水处理。

5. 接地保护

本工程采用TN-C-S接地系统;卫生间做局部等电位连接;各种电阻接地系统并用接地网,要求电阻不大于4Ω。

6. 建筑防雷

(1) 根据《建筑物防雷设计规范》GB50057—2010的要求,本工程按第三类防雷建筑物设防。

(2) 在屋顶及女儿墙上设置明装避雷带,建筑混凝土构架内钢筋与避雷带可靠连通构成一个接闪器,所有突出屋面的金属构件或管道等均应与屋顶避雷带焊接。

(3) 防雷引下线利用柱内两根φ16mm以上的钢筋,上部与屋面避雷带焊接,下部与接地装置连接。

(4) 进线配电箱处设置漏电保护装置。

7. 电话、电视系统

(1) 电话　从室外引来HYV电缆进入交接箱,电话支线采用RVS-2×0.5暗敷。

2) 电视　从室外引来SYWV-75-9同轴电缆进入分配箱,支线均采用SYWV-75-5暗敷。

8. 施工要求

(1) 电气施工应严格按照《电气装置安装工程施工及验收规范》要求进行。

(2) 为了施工方便以及以后维修查线,塑料绝缘线按标准选配颜色:L1-黄色,L2-绿色,L3-红色,N-蓝色,PE线-黄/绿双色。

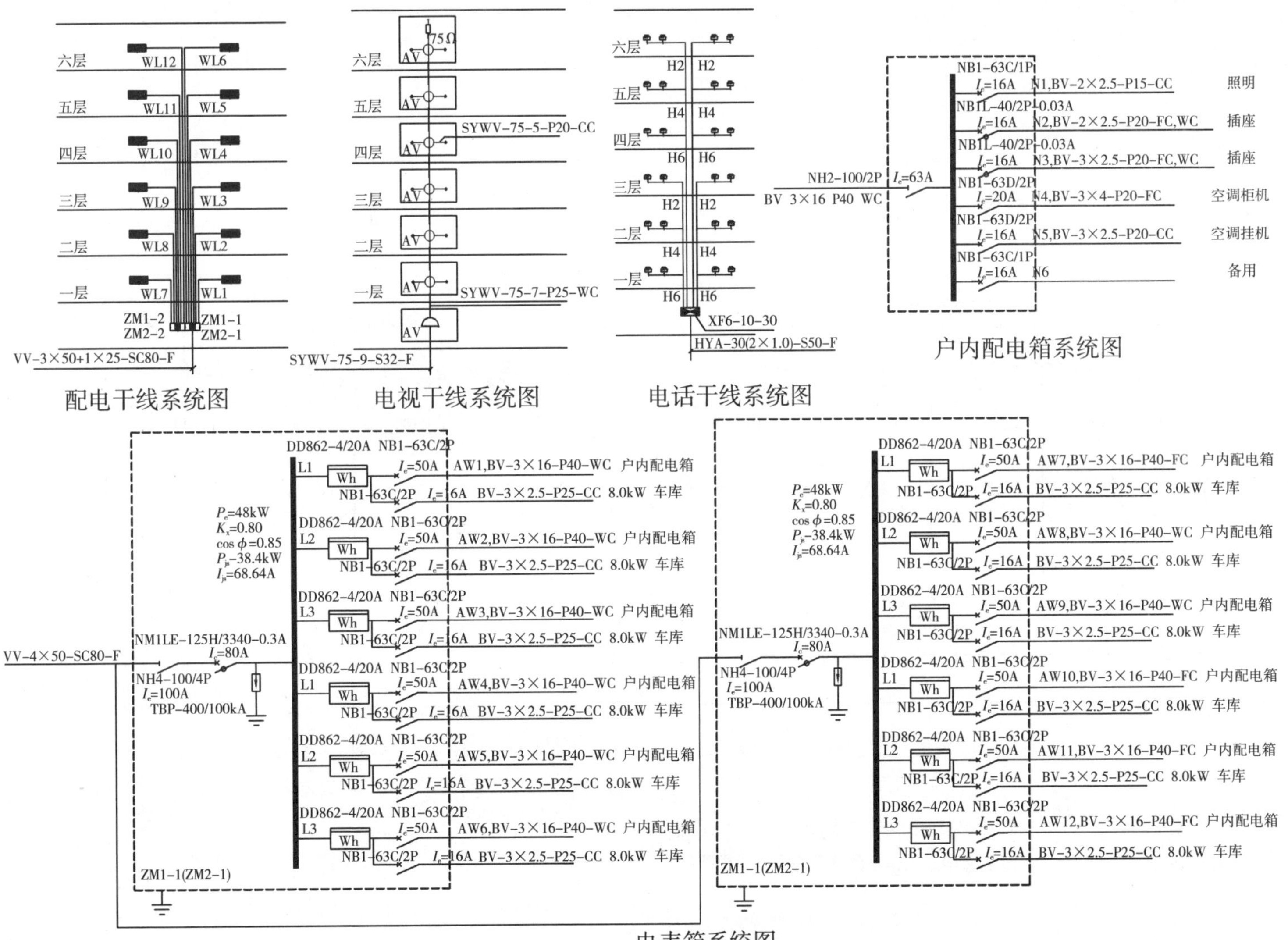

图6-21　6层民宅电气配电图

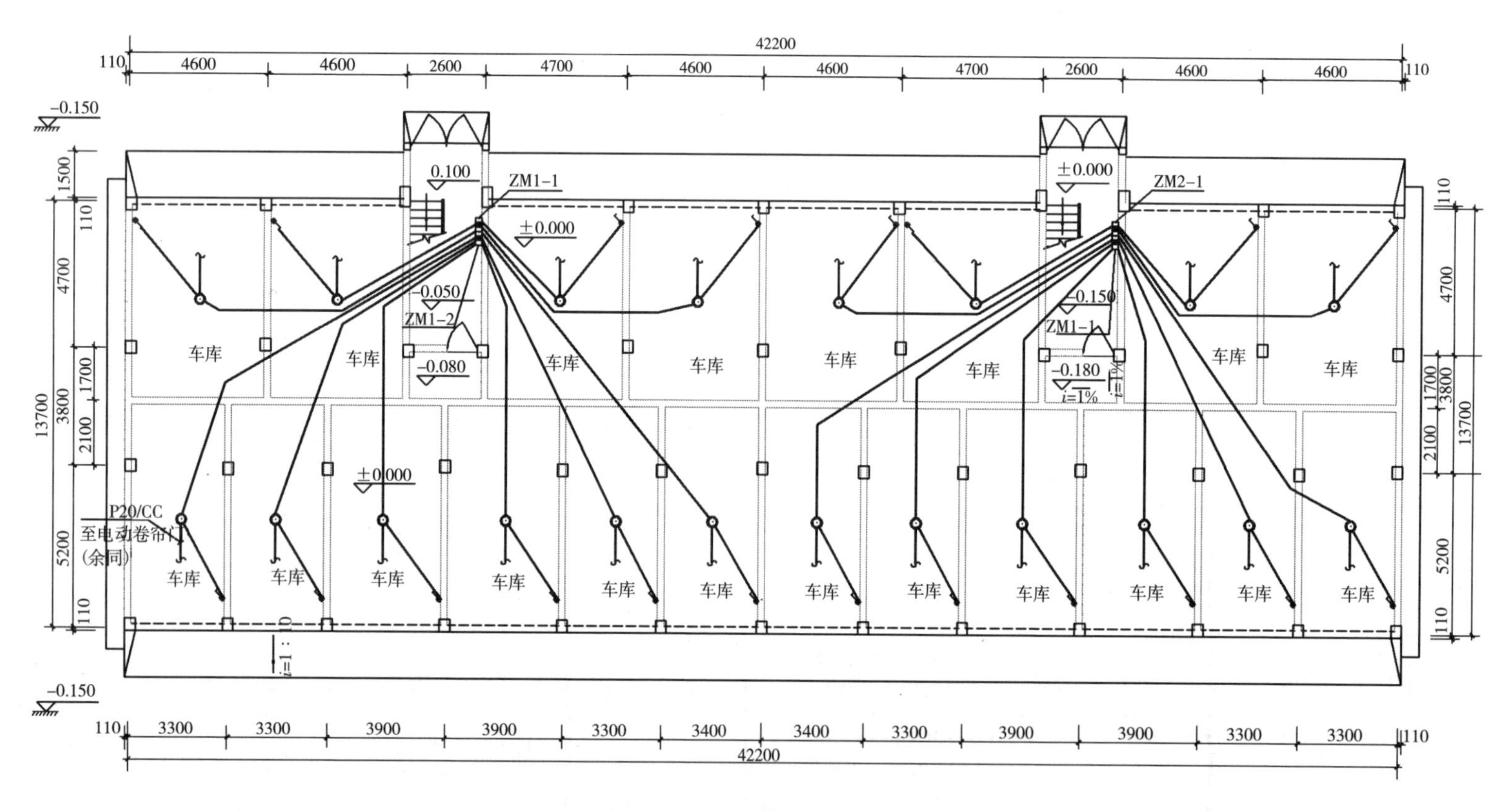

图 6-22 车库照明平面图

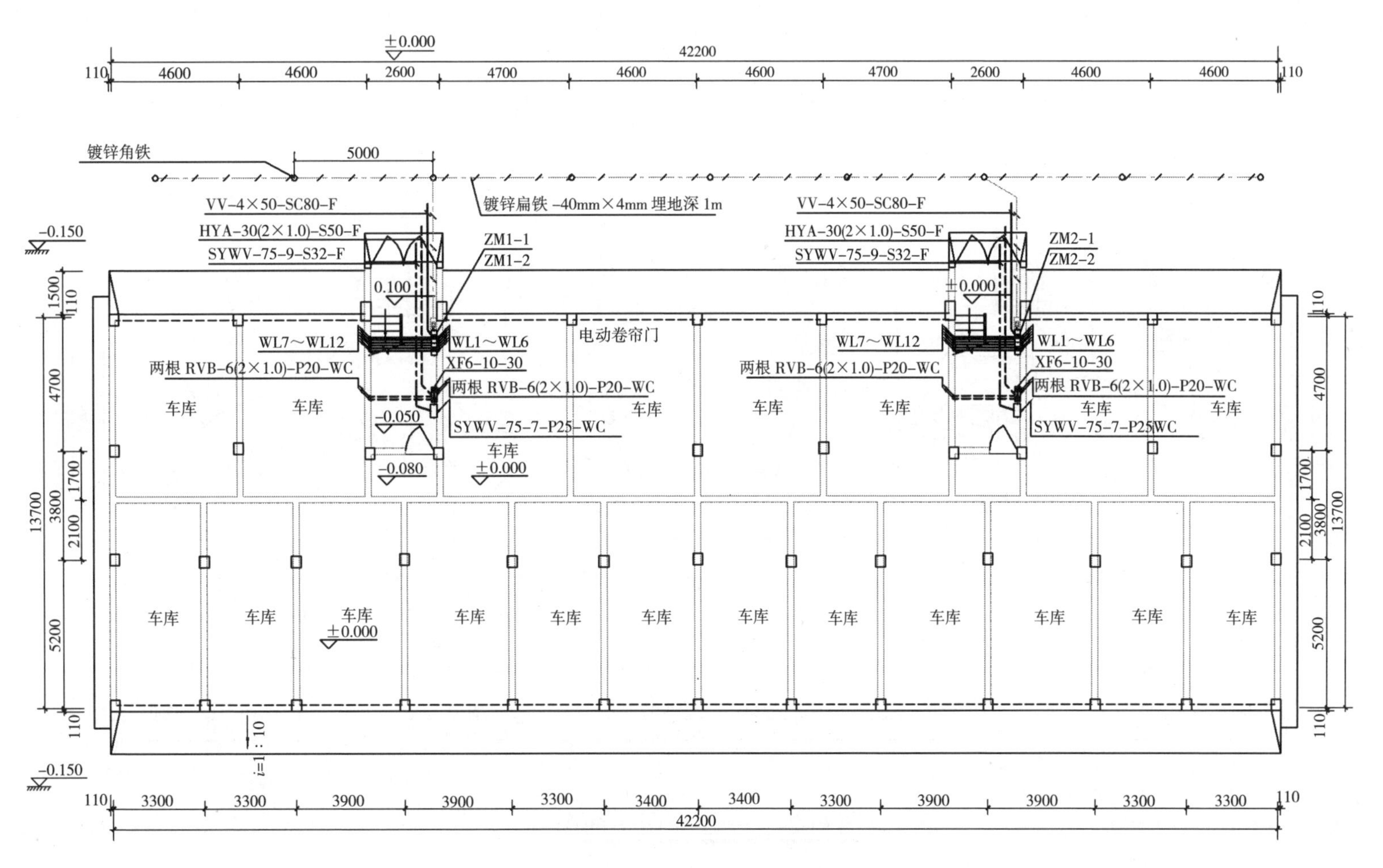

图 6-23　车库干线平面图

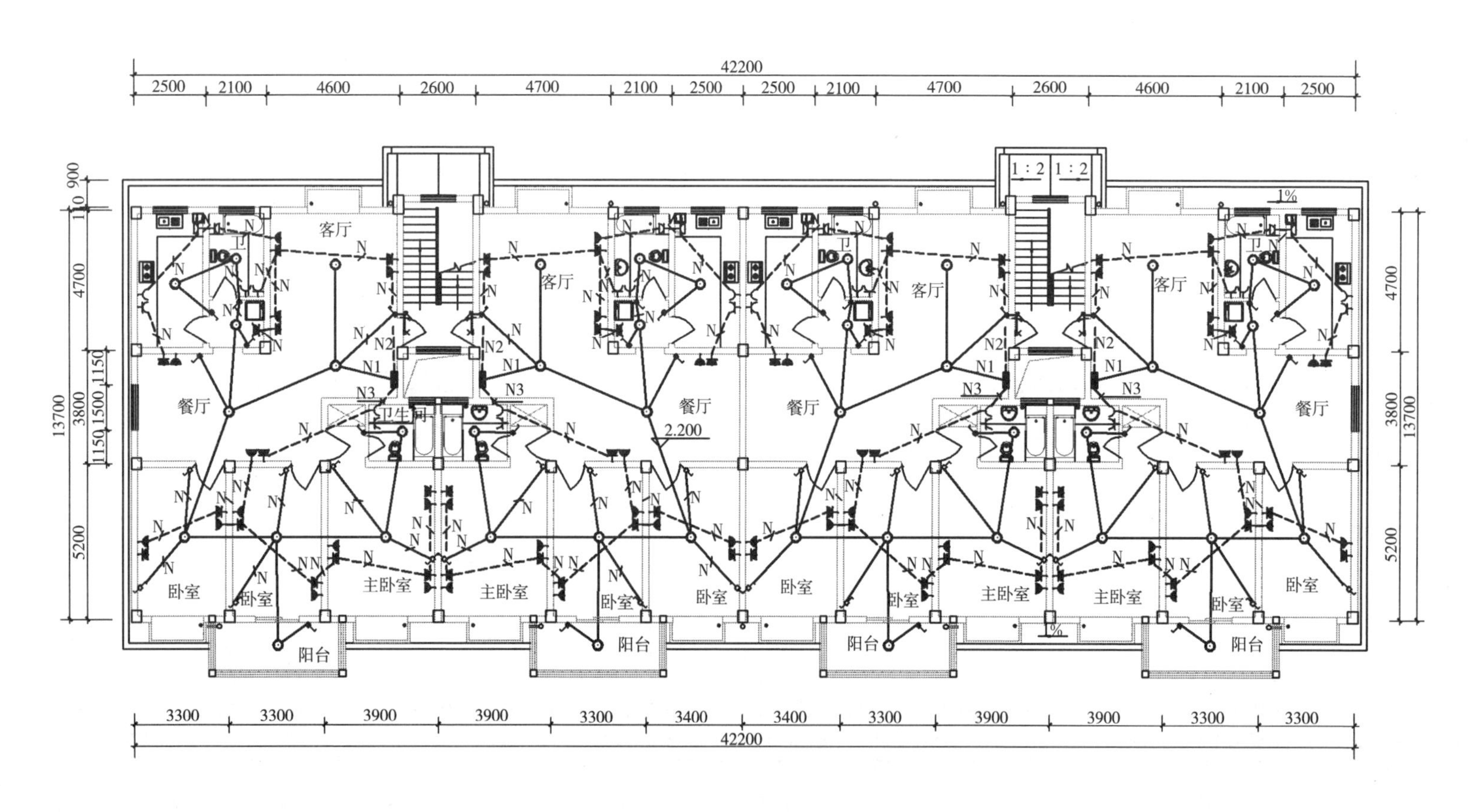

图 6-24 一层照明平面图

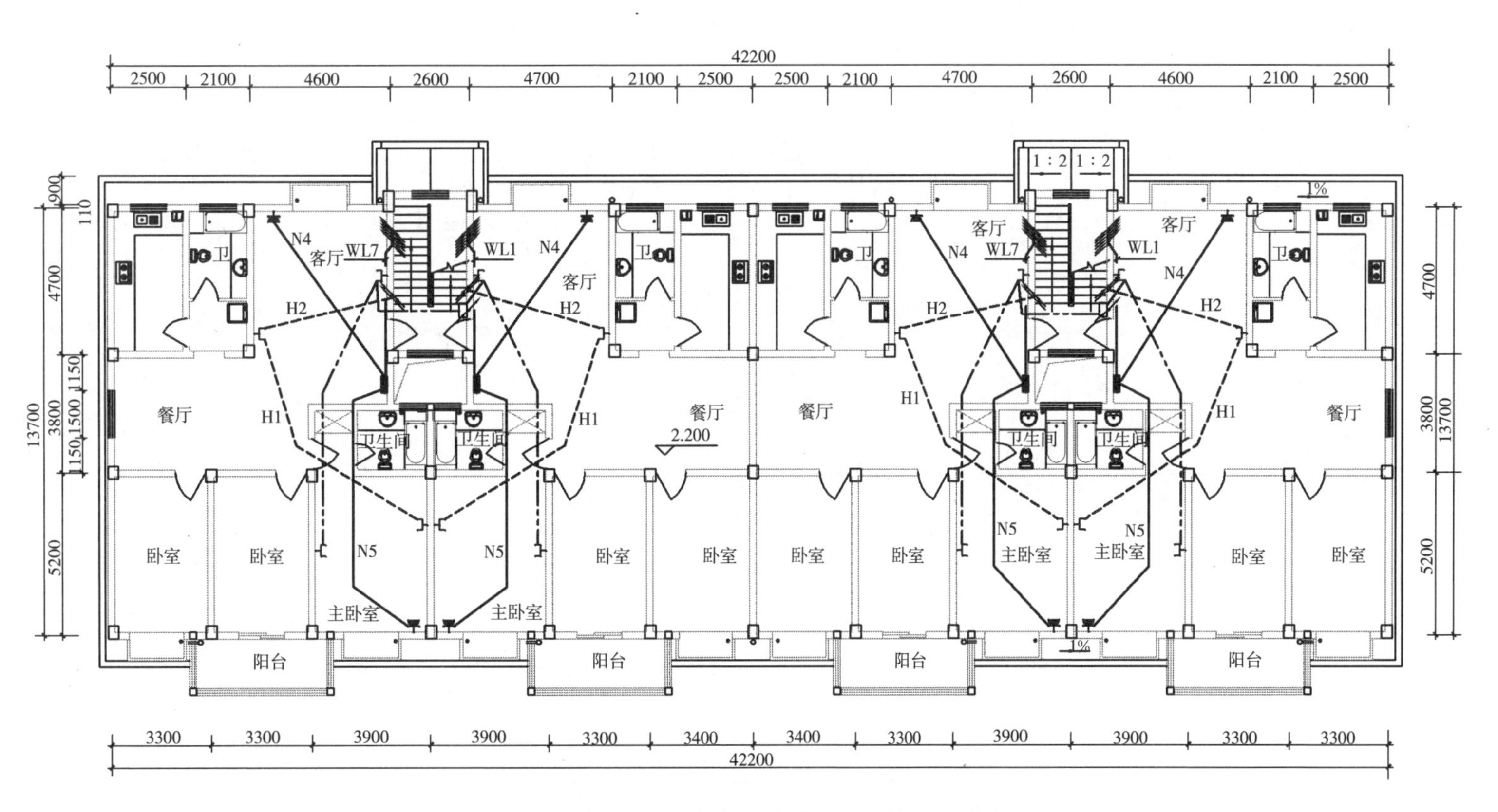

图 6-25 一层干线、电视、空调平面图

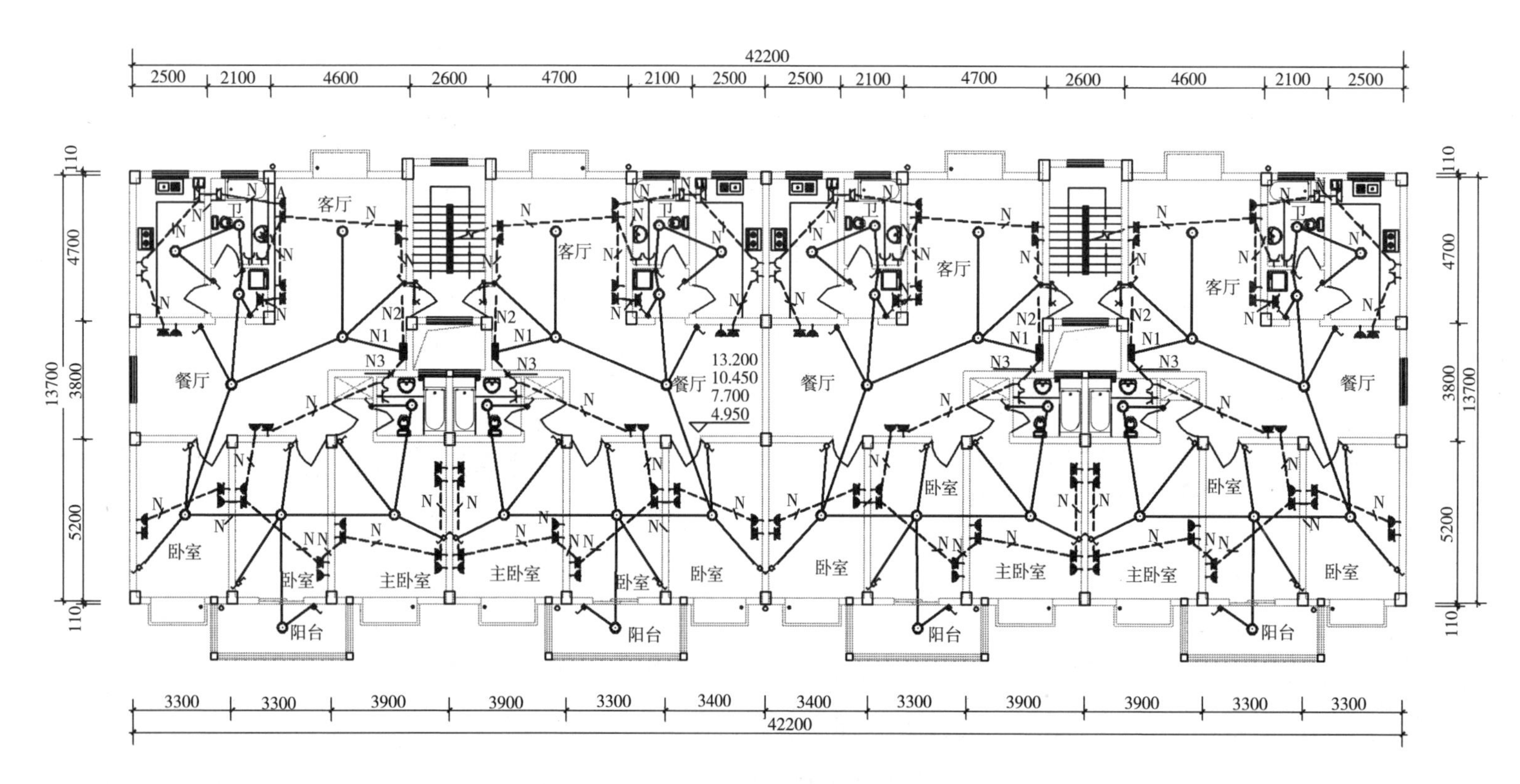

图 6-26　二至五层照明平面图

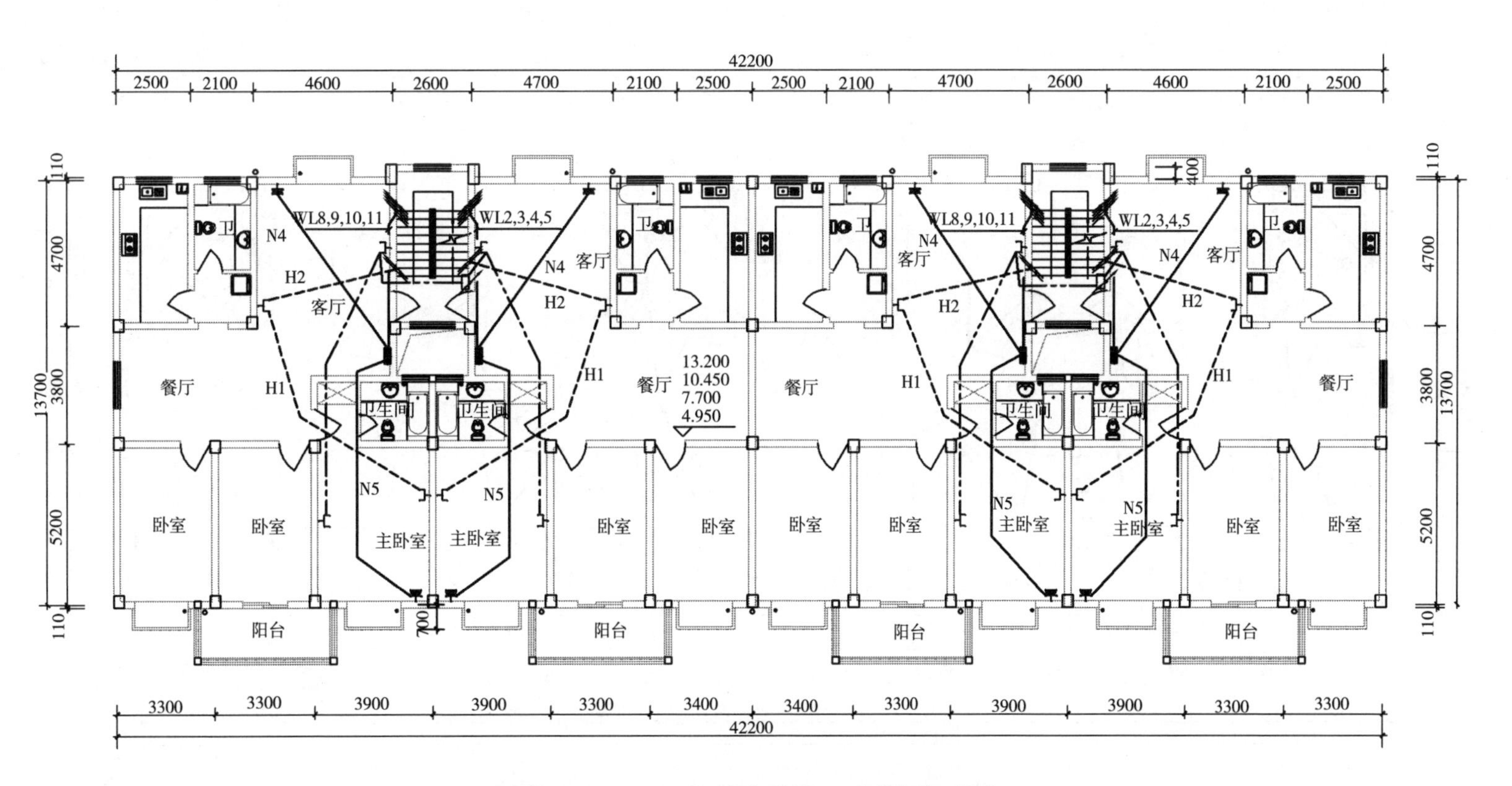

图 6-27　二至五层干线、电视平面图

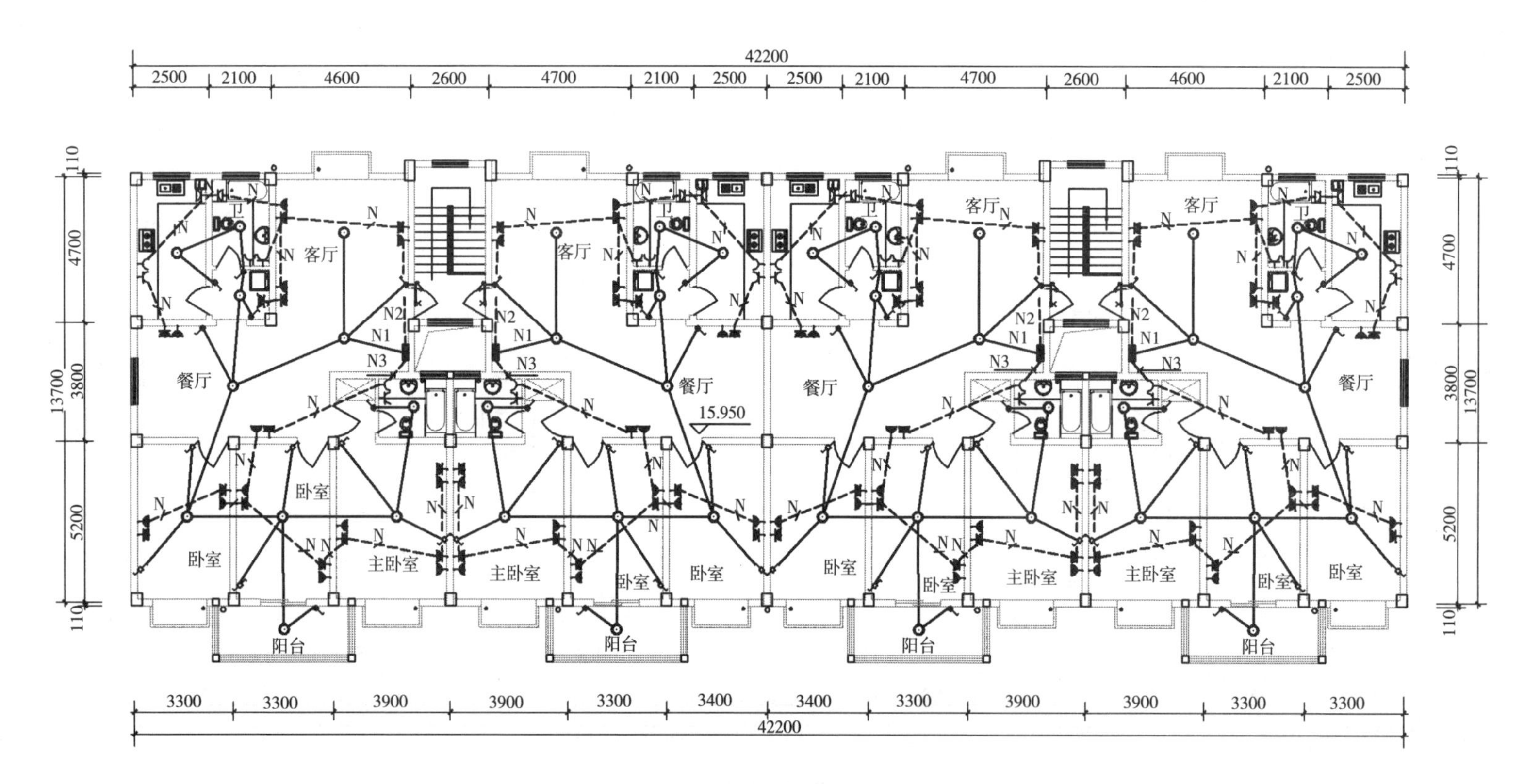

图 6-28 六层照明平面图

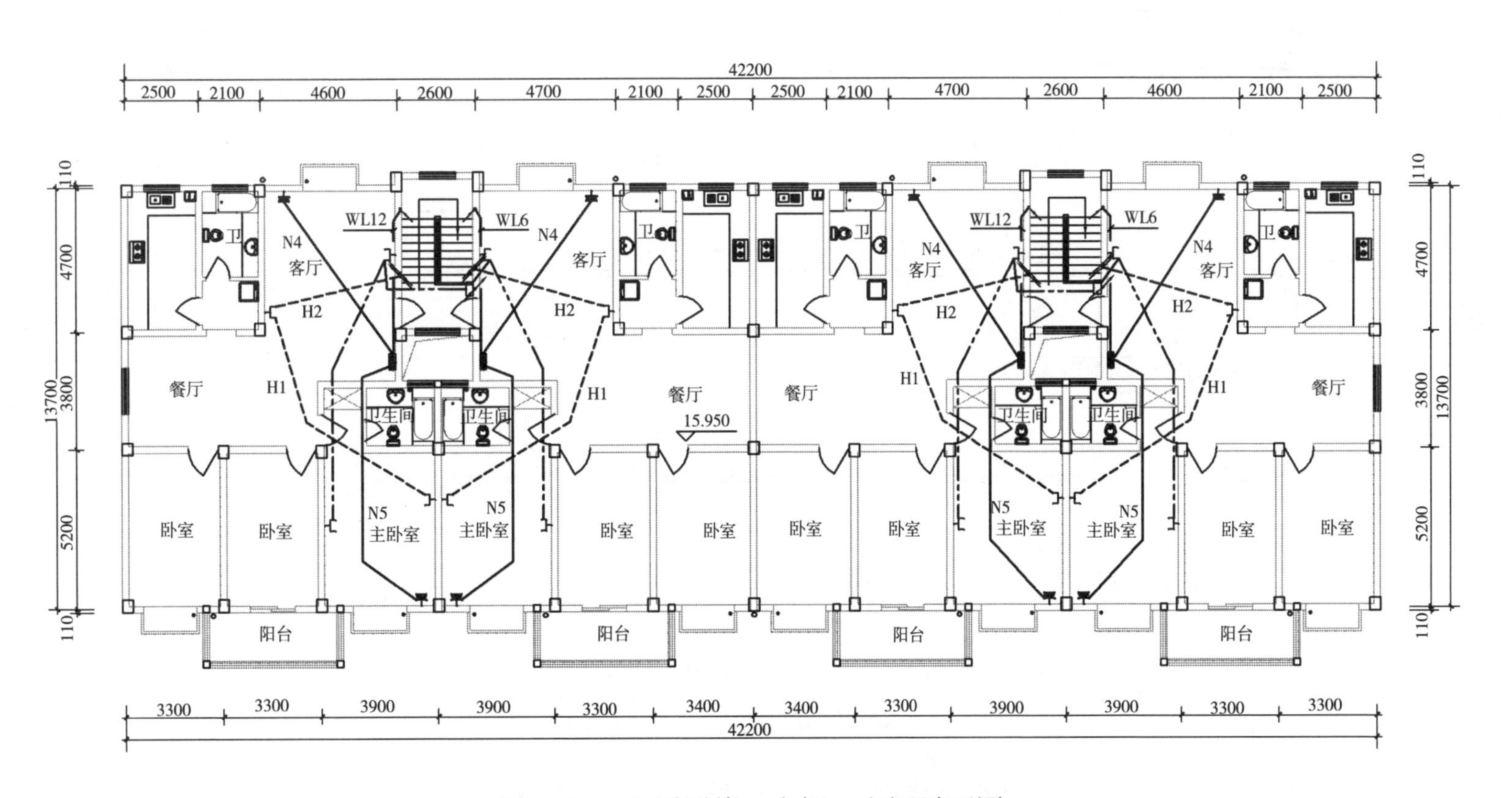

图 6-29　六层干线、电视、空调平面图

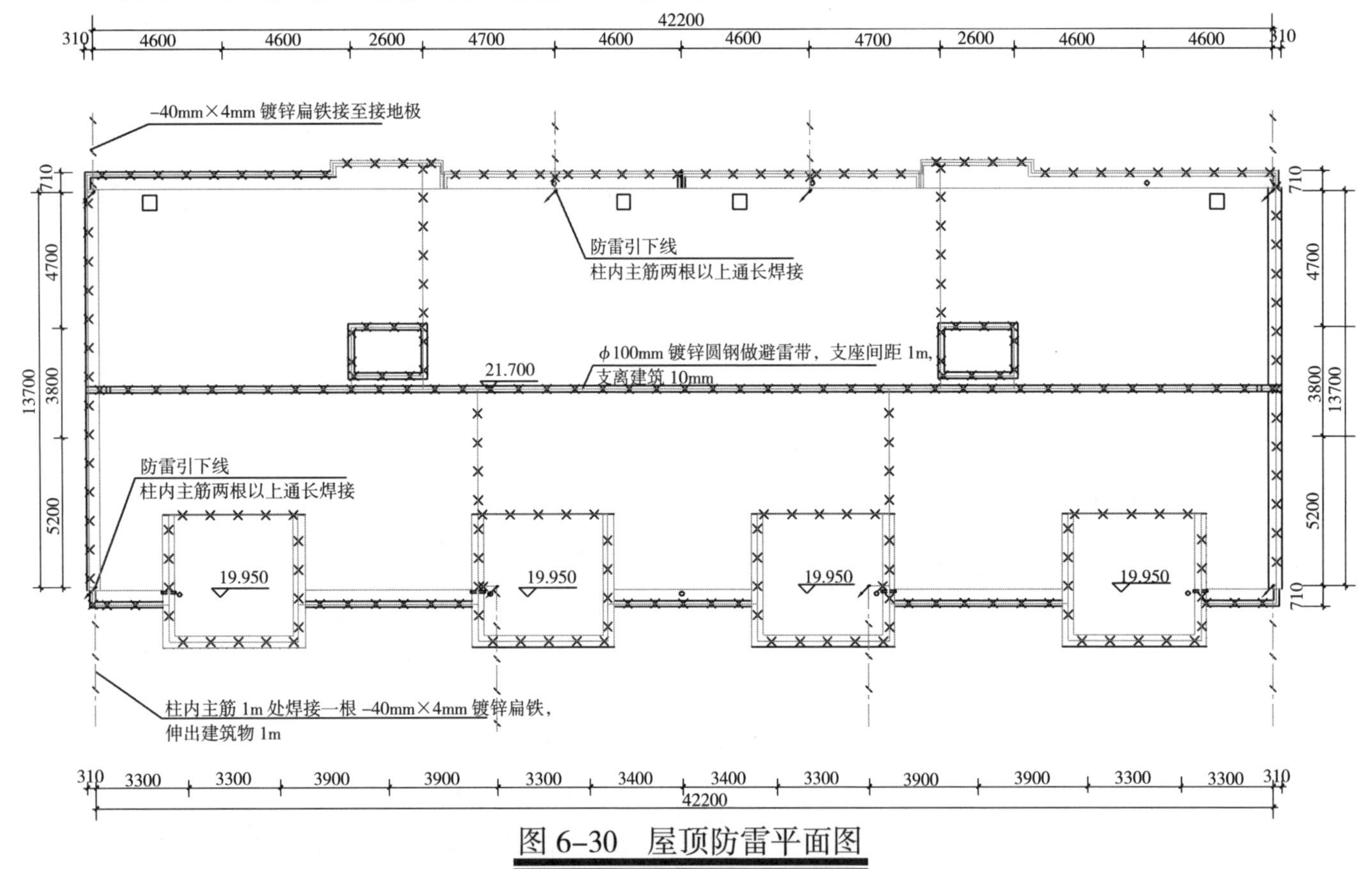

图 6-30 屋顶防雷平面图

说明：1. 本工程防雷等级为三类；

2. 防雷引下线做法：柱内主筋两根以上通长焊接，上与避雷带焊接，下与基础内两根主筋焊接；
3. 基础内两根主筋需焊接或绑扎成闭合回路；
4. 室外地面进出建筑物的金属管道在进出处用 -40mm×4mm 镀锌扁铁与防雷接地装置连接；
5. 当柱内主筋直径为 16mm 及以上时，应采用两根钢筋作为一组引下线，当柱内主筋直径为 10mm 时，应采用四根钢筋作为一组引下线；
6. 屋顶突出建筑物的金属构件、金属管道均与避雷带焊接。

附录1　常见电力系统符号图

附表1

常见电力系统符号图

类别	序号	图形符号	说明	类别	序号	图形符号	说明
(一)开关类	1		开关（机械式）	(二)仪表类	11		熔断器式负荷开关
	2		多极开关一般符号单线表示		12	☆	指示仪表（星号必须按规定予以代表）
	3		多极开关一般符号多线表示		13	V	电压表
	4		负荷开关（负荷隔离开关）		14	A	电流表
	5		具有自动释放功能的负荷开关		15	A Isin ϕ	无功电流表
	6		熔断器式断路器		16	Var	无功功率表
	7		断路器		17	cos ϕ	功率因素表
	8		隔离开关		18	Hz	频率表
	9		熔断器式开关		19	W	记录式功率表
	10		熔断器式隔离开关		20	*	记录仪表（星号按规定予以代替）

续表 1

类别	序号	图形符号	说明	类别	序号	图形符号	说明
	21	Ah	安培小时计	(四)端子、插头、插座	31		插座箱（板）
	22	Wh	电能表（瓦特小时表）		32		带接地插孔的三相插座
	23	Varh	无功电能表		33		接通的连接片
	24	Wh	带发送器电能表		34		电缆终端头
(三)保护类	25		熔断器一般符号		35		换接片
	26		跌落式熔断器		36		插头和插座（凸头的和内孔的）
	27		避雷器		37		
	28		线避雷		38		可拆卸的端子电气图形符号
	29		单相插座		39		连接点
	30		密闭（防水）单相插座		40		端子

续表 2

类别	序号	图形符号	说明	类别	序号	图形符号	说明
	41		电力电缆连接盒、电力电缆分线盒	(五)变压器	48		在一个铁芯上具有两个二次绕组的电流互感器
	42		电力电缆直通接线盒		49		具有两个铁芯和两个二次绕组的电流互感器
	43		自耦变压器		50		电抗器、扼流图
(五)变压器	44		双绕组变压器		51		三绕组变压器
	45		具有有载分接开关的三相三绕组变压器，有中性点引出线的星形－三角形连接		52		三相三绕组变压器，两个绕组为有中性点引出线的星形连接，中性点接地，第三绕组为开口三角形连接
	46		三相变压器，星形－三角形连接		53		具有有载分接开关的三相变压器，星形－三角形连接
	47		电流互感器、脉冲变压器			—	—

续表 3

类别	序号	图形符号	说明
(六)分配电装置	54	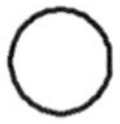	变电所
	55	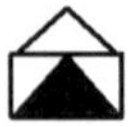	室外箱式变电所
	56	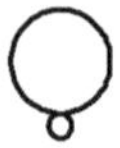	杆上变电所
	57	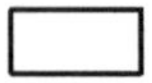	屏、台、箱、柜（配电室及进线用开关柜）
	58		多种电源配电箱 / 盘（画于墙外为明装，除注明外底边距地 1.2m）
	59	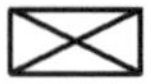	事故照明配电箱 / 盘（画于墙外为明装，除注明外底边距地 1.2m；画于墙内为暗装，除注明外底边距地 1.4m）
	60	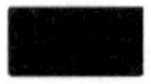	照明配电箱 / 盘（画于墙外为明装，除注明外底边距地 2.0m，明装电能表板底距地 1.8m；画于墙内为暗装，除注明外底边距地 1.4m，明装电能表板底距地 1.8m）
	61	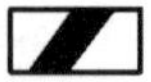	电源切换箱 / 盘（画于墙外为明装，除注明外底边距地 1.2m；画于墙内为暗装，除注明外底边距地 1.4m）
	62		电力配电箱 / 盘（画于墙内为暗装，除注明外底边距地 1.4m）
	63	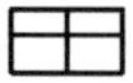	组合开关箱（画于墙外为明装，除注明外底边距地 1.2m；画于墙内为暗装，除注明外底边距地 1.4m）
	64	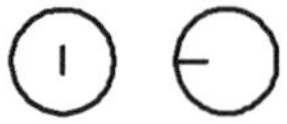	配电盘编号
(七)其他	65		按钮盒
	66	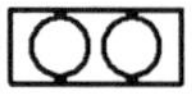	立柱式按钮箱（明装，距地 1.4m）
	67	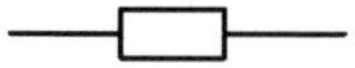	电阻器一般符号
	68	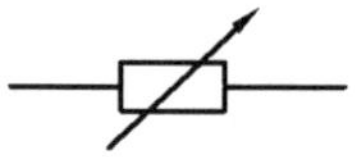	可变电阻器或可调电阻器
	69		控制及信号线路（电力、照明用）
	70	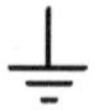	接地一般符号
	71		接机壳或接底板

续表 4

类别	序号	图形符号	说明	类别	序号	图形符号	说明
(七)其他	72		保护接地		78		一般电杆
	73		等电位		79		接触器（在非动作位置触点闭合）
	74		各灯具一般符号		80		电源引入线
	75		单管荧光灯		81		交流配电线路
	76		双管荧光灯		82		带照明灯具的电杆
	77		交流配电线路		83	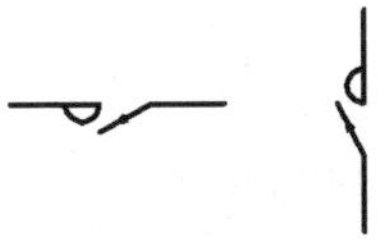	接触器（在非动作位置触点断开）

附录 2 电力设备和器件常用基本文字符号

附表 2 电力设备和器件常用基本文字符号

设备、装置和元器件种类	举例		基本文字符号	
	中文名称	英文名称	单字母	双字母
电容器	电容器	Capacitor	C	
	电力电容器	Power Capacitor		CE
其他元器件	发热器件	Heating device	E	EH
	照明灯	Lamp for lighting		EL
保护器件	过电压放电器件避雷器	Over voltage discharge device Arrester		
	具有瞬时动作的限流保护器件	Current threshold protective device with Instantaneous action	F	FA
	具有延时动作的限流保护器件	Current threshold protective device with Time-lag action		FR
	具有延时和瞬时动作的限流保护器件	Current threshold protective device with Instantaneous and time-lag action		FS
	熔断器	Fuse		FU
	限压保护器件	Voltage threshold protective device		FV
发电机、电源	同步发电机	Synchronous generator	G	GS
	异步发电机	Asynchronous generator		GA
	蓄电池	Battery		GB

续表 1

设备、装置和元器件种类	举例		基本文字符号	
	中文名称	英文名称	单字母	双字母
信号器件	声响指示器	Acoustical indicator	H	HA
	光指示器	Optical indicator		HS
	指示灯	Indicator lamp		HL
继电器、接触器	交流继电器	Alternating relay	K	KA
	接触器	Contactor		KM
	延时有或无继电器	Time-delay all-or-nothing relay		KT
电动机	电动机	Motor	M	
	同步电动机	Synchronous motor		MS
	可做发电机或电动机的电机	Machine capable of use as a generator or motor		MG
	力矩电动机	Torque motor		MT
测量设备、实验设备	指示器件	Indicating devices	P	
	电流表	Ammeter		PA
	（脉冲）计数器	(Pulse) Counter		PC
	电度表	Watt hour meter		PJ
	记录仪表	Recording instrument		PS
	有功功率表			PW
	无功功率表			PR
	电压表	Voltmeter		PV
电力电路的开关器件	断路器	Circuit-breaker	Q	QF
	隔离开关	Disconnector (isolator)		QS

续表 2

设备、装置和元器件种类	举例		基本文字符号	
	中文名称	英文名称	单字母	双字母
信号电路的开关器件选择	控制开关	Control switch	S	SA
	选择开关	Selector switch		SA
	按钮开关	Push-button		SB
变压器	电流互感器	Current transformer	T	TA
	控制电路电源用变压器	Transformer for control circuit supply		TC
	电力变压器	Power transformer		TM
	磁稳压器	Magmetic stabilizer		TS
	电压互感器	Voltage transformer		TV
传输通道	导线 / 电缆 / 母线	Conductor/ Cable/ Busbar	W	
	电力分支线			WP
	照明分支线			WL
端子、插头、插座	连接插头和插座	Connecting plug and socked	X	
	接线柱	Clip		
	电缆封端和接头	Cable sealing edn and joint		
	连接片	Link		XB
	测试插孔	Test jack		XJ
	插头	Plug		XP
	插座	Socket		XS

附录 3　电力设备和器件辅助文字符号

附表 3　　电力设备和器件辅助文字符号

符号	描述	符号	描述	符号	描述
A	电流、模拟	AC	交流	AUT	自动
ACC	加速	ADD	附加	ADJ	可调
AUX	辅助	ASY	异步	BRK	制动
BK	黑	BL	蓝	BW	向后
C	控制	CW	顺时针	CCW	逆时针
D	延时、数字	DC	直流	DEC	减
E	接地	EM	紧急	F	快速
FB	反馈	FW	向前	GN	绿
H	高	IN	输入	INC	增
IND	感应	L	低、限制	LA	闭锁
M	主、中间线	MAN	手动	N	中性线
OFF	断开	ON	闭合	OUT	输出
P	压力、保护	PE	保护接地	PEN	保护接地与中性共用
PU	不接地保护	R	记录、反	RD	红
RST	复位	RES	备用	RUN	运行
S	信号	ST	启动	SET	置位、定位
SAT	饱和	STE	步进	STP	停止
SYN	同步	T	温度、时间	TE	无干扰接地
V	速度、电压、真空	WH	白	YE	黄

图书在版编目（CIP）数据

新农村生产、生活用电与电力网络建设实用技术图集/ 匡迎春主编.
-- 长沙 : 湖南科学技术出版社, 2014.3
（新农村建设小康家园丛书）
ISBN 978-7-5357-7870-3
Ⅰ. ①新… Ⅱ. ①匡… Ⅲ. ①农村配电—电力系统结构—电工技术—图集 Ⅳ. ①TM727.1-64
中国版本图书馆 CIP 数据核字(2013)第 219333 号

“十二五”国家重点图书出版规划
新农村建设小康家园丛书
新农村生产、生活用电与电力网络建设实用技术图集
主　　编：匡迎春
副 主 编：沈　岳　姚帮松
主　　审：胡　赧
责任编辑：缪峥嵘　徐　为
出版发行：湖南科学技术出版社
社　　址：长沙市湘雅路 276 号
http://www.hnstp.com
印　　刷：长沙超峰印刷有限公司
（印装质量问题请直接与本厂联系）
厂　　址：长沙市金洲新区泉洲北路 100 号
邮　　编：410600
出版日期：2014 年 3 月第 1 版第 1 次
开　　本：787mm×1092mm　1/16
印　　张：9.75
字　　数：250000
书　　号：ISBN 978-7-5357-7870-3
定　　价：22.00 元